数控铣加工技术

主　编　范建锋
副主编　施尚军　楼文刚　任常富

ZHEJIANG UNIVERSITY PRESS
浙江大学出版社

图书在版编目（CIP）数据

数控铣加工技术 / 范建锋主编. —杭州：浙江大
学出版社，2015.6（2021.7 重印）
ISBN 978-7-308-14683-8

Ⅰ.①数… Ⅱ.①范… Ⅲ.①数控机床—铣床—加工
—中等专业学校—教材 Ⅳ.①TG547

中国版本图书馆 CIP 数据核字（2015）第 097315 号

内容提要

本书按照数控铣床的操作编程人员必须具备的知识结构进行组织，结合考工培训的教学特点编写而成。全书共分 6 章，主要内容包括数控铣加工基础、数控铣床机床结构、数控铣加工工艺、数控加工中心操作、数控铣床手工编程、控机床维护与保养。全书突出以应用为主线，详略结合，内容完整。

本教材可作为中职学校、技工院校数控加工专业或相近专业的教材，也可供有关工程技术人员参考。

数控铣加工技术

主　编　范建锋

副主编　施尚军　楼文刚　任常富

责任编辑　杜希武

责任校对　余梦洁

封面设计　刘依群

出版发行　浙江大学出版社

　　　　　　（杭州市天目山路 148 号　邮政编码 310007）

　　　　　　（网址：http://www.zjupress.com）

排　　版　杭州金旭广告有限公司

印　　刷　广东虎彩云印刷有限公司绍兴分公司

开　　本　787mm×1092mm　1/16

印　　张　12.25

字　　数　298 千

版 印 次　2015 年 6 月第 1 版　2021 年 7 月第 3 次印刷

书　　号　ISBN 978-7-308-14683-8

定　　价　39.00 元

前　言

随着科技的进步与发展,尤其是以计算机、信息技术为代表的高新技术的发展,使制造技术的内涵和外延发生了革命性的变化。数控加工技术使机械制造过程发生了显著的变化。国内机械制造行业对数控加工的需求高速增长,但高水平的数控技术人才包括数控铣加工人才严重短缺。"数控铣加工技术"已经成为中职学校和技工院院校必开设的课程。

数控铣床的操作与编程是一项实践性很强的技术,数控铣床的操作技工通常既要懂得机床的操作,同时又能进行程序编制,还要能利用现代信息化的自动编程软件进行复杂工件的程序编制。

为了解决中职学校和技工院校"数控铣加工技术"课程教学的需要,我们按教学大纲要求,结合多年教学实践经验,并参考一些其它院校的经验,编写了本书。本书以数控铣削工艺、编程与机床操作为核心内容,以数控铣削加工的应知、应会内容为主线,按照数控铣床的操作编程人员必须具备的知识结构安排本书内容。全书尽量删繁就简、详略结合,既照顾到内容的完整性,又不使篇幅过大,既使学生受到全面的基本训练,又避免了不必要的重复。本书主要包括以下 6 部分内容:

第一章　数控铣加工基础

第二章　数控铣床机床结构

第三章　数控铣加工工艺

第四章　数控加工中心操作

第五章　数控铣床手工编程

第六章　数控机床维护与保养

书中安排有大量实例,且多数来自生产实际和教学实践,内容通俗易懂,方便教学。适用于中职学校、技工院校数控加工专业或相近专业的师生使用,也可供有关工程技术人员参考。

本书由范建锋、施尚军、楼文刚、任常富、吴璀来、孙传、潘常春等编写,其中范建锋为本书主编,施尚军、楼文刚、任常富为副主编。限于编写时间和编者的水平,书中必然会存在需要进一步改进和提高的地方。我们十分期望读者及专业人士提出宝贵意见与建议,以便今后不断加以完善。我们的联系方式:605426667@qq.com。

我们谨向所有为本书提供大力支持的有关学校、企业和领导,以及在组织、撰写、研讨、修改、审定、打印、校对等工作中做出奉献的同志表示由衷的感谢。

最后,感谢浙江大学出版社为本书的出版所提供的机遇和帮助。

作者

2014 年 11 月

目　　录

第 1 章 数控铣加工基础

1.1 概 述

随着社会生产和科学技术地迅速发展,机械产品日趋精密复杂,且需频繁改型,精度要求高,形状复杂,批量小。加工这类产品需要经常改装或调整设备,普通机床或专用化程度高的自动化机床已不能适应这些要求。为了解决上述问题,一种新型机床——数控机床应运而生。这种新型机床具有适应性强、加工精度高、加工质量稳定和生产效率高等优点。它综合了电子计算机、自动控制、伺服驱动、精密测量和新型机械结构多方面的技术成果,是今后机床控制的发展方向。

1.1.1 数控机床的发展简况

自 1952 年,美国研制成功第一台数控机床以来,随着电子技术、计算机技术、自动控制和精密测量等相关技术的发展,数控机床也在不断地更新换代,先后经历了五个发展阶段,如表 1-1 所示。

表 1-1 数控机床发展阶段

第一代数控	1952—1959 年采用电子管元件构成的专用数控装置(NC)。由于其体积大、可靠性低、价格高,因此主要用于军工部门,没有得到推广应用,产量比较小。
第二代数控	从 1959 年开始采用晶体管电路的 NC 系统。虽然其可靠性有所提高,体积大为缩小,但其可靠性还是低,得不到广大用户的认可,数控机床的产量和产品虽有所增加,但增加得不快。
第三代数控	从 1965 年开始采用小中规模集成电路的 NC 系统。它不仅大大缩小了数控机床的体积,可靠性也得到了实质性的提高,从而成为一般用户能够接受的装置,数控机床的产量和品种均得到较大的发展。
第四代数控	从 1970 年开始采用大规模集成电路的小型通用电子计算机控制的系统(Computer Numerical Control,CNC)。
第五代数控	从 1974 年开始采用微型电子计算机控制的系统(Microcomputer Numerical Control,MNC)。

第四、五两代因为将计算机应用于数控装置,所以称之为计算机数字数控装置,简称CNC 装置。由于计算机的应用,很多控制功能可以通过软件来实现,因而数控装置的功能大大提高,而价格却有较大的下降,可靠性和自动化程度得到进一步提高,数控机床得到了飞速的发展。

从 1975 年出现第五代数控装置以后,数控装置没有出现质的变化,只是随着集成电路的规模日益扩大,以及光缆通信技术在数控装置中的应用,使其体积日益缩小,价格逐年下降,可靠性进一步提高,数控装置的故障在数控机床总的故障中占据很小的比例。

近年来,微电子和计算机技术的日益成熟,它的成果正在不断渗透到机械制造的各个领域中,先后出现了计算机直接数控(Direct Numerical Control,DNC)、柔性制造系统(Flexible Manufacturing System,FMS)和计算机集成制造系统(Computer-Intergrated Manufacturing System,CIMS)。所有这些高级的自动化生产系统均是以数控机床为基础,它们代表着数控机床今后的发展趋势。

1.1.2 我国数控机床的发展简介

从 20 世纪 50 年代末期,我国就开始研究数控技术,开发数控产品,经过多年来不断地调整、优化、重组和开拓,我国通过自行研究、引进合作、独立开发和推进产业化进程,数控系统已经取得重大突破,基本上掌握了关键技术,建立了数控开发、生产基地,培养了一批数控人才,初步形成了自己的数控产业。"八五"攻关开发的成果——华中Ⅰ号、中华Ⅰ号、航天Ⅰ号和蓝天Ⅰ号 4 种基本系统建立了具有中国自主版权的数控技术平台。具有中国特色的经济型数控系统经过这些年的发展,产品的性能和可靠性有了较大的提高,逐渐被用户认可,在市场上站住了脚。

20 世纪 80 年代以来,我国对数控机床的发展十分重视,经历了"六五"、"七五"期间的消化吸收引进技术,"八五"期间科技攻关开发自主版权数控系统两个阶段,已为数控机床的产业化奠定了良好的基础,并取得了长足的进步。"九五"期间数控机床发展已进入实现产业化阶段:数控机床新开发品种 300 个,已有一定的覆盖面。新开发的国产数控产品提供了一批高水平数控机床,同时在技术上也取得了突破,如高速主轴制造技术(12000~18000r/min)、快速进给(60m/min)、快速换刀(1.5s)、柔性制造、快速成形制造技术等为更先进国产数控机床的发展奠定了基础。曾长期困扰我国,并受到西方国家封锁的多坐标联动技术已不再是难题,0.1μm 当量的超精密数控系统、数控仿形系统、非圆齿轮加工系统、高速进给数控系统、实时多任务操作系统都已研制成功。尤其是基于 PC 机的开放式智能化数控系统,可实现多轴控制,具备联网进线等功能,既可作为独立产品,又是一代开放式的开发平台,为机床厂和软件开发商二次开发创造了条件。特别重要的是,我国数控系统的可靠性已有很大提高,MPBF 值可以在 15000h 以上。同时国内已能生产大部分数控机床配套产品,自我配套率超过 60%。这些成果为我国数控系统的自行开发和生产奠定了基础。

1.1.3 数控机床发展趋势

为了进一步提高劳动生产率,降低生产成本,缩短产品的研制和生产周期,加速产品更新换代,以适应社会对产品多样化的需求,近年来,人们把自动化生产技术的发展重点转移到中、小批量生产领域中,这就要求加快数控机床的发展,使其成为一种高效率、高柔性和低成本的制造设备,以满足市场的需求。

如图 1-1 所示数控机床是柔性制造单元(FMC)、柔性制造系统(FMS)以及计算机集成制造系统(CIMS)和灵捷制造(Agile Mpg)的基础,是国民经济的重要基础装备。随着微电子技术和计算机技术的发展,现代数控机床的应用领域日益扩大。当前数控设备正在不断采用最新技术成就,向着高速度化、高精度化、智能化、多功能化以及高可靠性的方向发展。

图1-1　数控机床

一、高速度、高精度化

现代数控系统正朝着高度集成、高分辨率、小型化方向发展。数控机床由于装备有新型的数控系统和伺服系统,使机床的分辨率和进给速度达到 $0.1\mu m$(24m/min), $1\mu m$(100～240m/min),现代数控系统已经逐步由16位CPU过渡到32位CPU。日本产的FANUC15系统甚至搭载了64位CPU系统,能达到最小移动单位 $0.1\mu m$ 时,最大移动速度为100m/min。FANUC16和FANUC18采用简化与减少控制基本指令的RISC(Reduced Instruction Set Computer)精简指令计算机,能进行更高速度的数据处理,使一个程序段的处理时间缩短到0.5ms,连续1mm移动指令的最大进给速度可达到120m/min。现代数控机床的主轴的最高转速一般可达到10000～20000r/min。采用高速内装式主轴电机后,使主轴直接与电机连接成一体,可将主轴转速提高到40000～50000r/min。

通过减少数控系统误差和采用补偿技术可提高数控机床的加工精度。若要减少数控系统控制误差,可采用提高数控系统分辨率,提高位置检测精度(日本交流伺服电机已装上每转可产生100万个脉冲的内藏位置检测器,其位置检测精度可达到 $0.1\mu m$/脉冲)及在位置伺服系统中采用前馈控制与非线性控制等方法。若采用补偿技术,除了齿隙补偿、丝杆螺距误差补偿、刀具补偿等,还新开发了热补偿技术,用于减少由热变形引起的加工误差。

二、智能化

1.在数控系统中引进适应控制技术

数控系统中,工件毛坯余量不均、材料硬度不一致、刀具磨损、工件变形、润滑或冷却液等因素的变化将直接或间接的影响加工效果。自适应控制是在加工过程中不断检查某些能代表加工状态的参数,如切削力、切削温度等,通过评价函数计算和最佳化处理,对主轴转速、刀具(或工作台)进给速度等切削用量参数进行校正,使数控机床能够始终在最佳的切削状态下工作,从而提高了加工表面的质量和生产率,提高刀具的使用寿命,取得良好的经济效果。

2.设置故障自诊断功能

数控机床在工作过程中出现故障时,控制系统能自动诊断,并立即采取措施排除故障,以此来满足长时间在无人环境下正常运行的要求。

3．具有人机对话自动编程功能

可以把自动编程机具有的功能模块装入数控系统，使零件的程序编制工作可以通过数控系统在线进行。用人机对话方式，通过 CRT 彩色显示和手动操作键盘的配合，实现程序的输入、编辑和修改，并在数控系统中建立切削用量专家系统，从而达到提高编程效率和降低操作人员技术水平的要求。

4．应用图像识别和声控技术

图像识别技术和声控技术分别是由机床辨别图样并自动地进行数控加工的智能化技术和根据人的言语声音对数控机床进行自动控制的智能化技术。

三、多功能化

用一台机床实现全部工序的加工来代替在多机床上多次装夹的加工，既能节省加工时间和工序间搬运的时间，又能提高加工精度。加工中心能把许多工序和工艺过程集中在一台设备上完成，实现自动更换刀具和工件，一次装夹完成工作的全部加工工序，减少装卸刀具、装卸工件、调整机床的辅助时间，实现一机多能，最大限度提高机床的开机率和利用率。目前加工中心的刀库容量可达 120 把左右，自动换刀装置的换刀时间为 1～2s。加工中心的种类除了镗铣类加工中心和车削类车削中心外，还发展出可自动更换电极的电火花加工中心、带有自动更换砂轮装置的内圆加工中心等。

采用多系统混合控制方式，用车、铣、钻、攻螺纹等不同切削方式，同时加工工件的不同部位。现代控制系统的控制轴数可多达 16 轴，同时联动轴数已达 6 轴。

四、高可靠性

高可靠性的数控系统是提高数控机床可靠性的关键。选用高质量的印制电路和元器件，对元器件进行严格地筛选，建立稳定的制造工艺及产品性能测试等一整套质量保证体系。在新型的数控系统中采用大规模、超大规模集成电路实现三维高密度插装技术，进一步把典型的硬件结构集成化，做成专用芯片，提高了系统的可靠性。

现代数控机床均采用 CNC 系统。数控机床的硬件由多种功能模块组成，不同功能的模块可根据机床数控功能的需要选用，并可自行扩展。在 CNC 系统中，只要改变一下软件或控制程序，就能制成适应各类机床不同要求的数控系统。数控系统正向模块化、标准化、智能化"三化"方向发展，使其便于组织批量生产，有利于质量和可靠性的提高。

现代数控机床都装备有各种类型的监控、检测装置，具有故障自动诊断与保护功能，能够对工件和刀具进行监测，发现工件超差、刀具磨损、破裂的能及时报警、给予补偿、或对刀具进行调换，还具有故障预报和自恢复功能，保证数控机床长期可靠地工作。数控系统一般能够对软件、硬件进行故障自诊断，能自动显示故障部位及类型，以便快速排除故障。此外要注意加强系统的保护功能，如行程范围保护功能、断电保护功能等，以避免机床的损坏和工件的报废。

五、适应以数控机床为基础的综合自动化系统

现代制造技术正在向机械加工综合自动化的方向发展。在现代机械制造业的各个领域中，先后出现了计算机直接数控系统 DNC、柔性制造系统 FMS，以及计算机集成制造系统 CIMS 等高新技术的制造系统。为适应这种技术发展的趋势，要求现代数控机床的各种自动化监测手段和联网通信技术不断完善和发展。目前正在成为标准化通信局部网络 LAN

(Local Area Network)的制造自动化协议 MAP,使各种数控设备便于联网,就有可能把不同类型的智能设备用标准化通信网络设施连接起来,使工厂自动化 FA(Factory Automation)的上层到下层通过信息交流,促进系统的智能化、集成化和综合化,建立能够有效利用系统全部信息资源的计算机网络,实现生产过程综合自动化的计算机管理与控制。

1.2 数控机床的组成

如图 1-2、图 1-3 所示,数控机床一般由输入装置、数控装置、伺服系统、检测及其辅助装置和机床本体等组成。

图 1-2 数控车床

图 1-3 数控铣床

一、输入装置

数控程序编制后需要存储在一定的介质上。目前,控制介质大致分为纸介质和电磁介质,相应地通过不同方法输入到数控装置中去。纸带输入方法,即在专用的纸带上穿孔,用不同孔的位置组成数控代码,再通过纸带阅读机将代表不同含义的信息读入。手动输入是将数控程序通过数控机床上的键盘输入,程序内容将存储在数控系统的存储器内,使用时可以随时调用。

数控程序由计算机编程软件产生或手工输入到计算机中。数控程序可采用通信方式传递到数控系统中。此类通信通常使用数控装置的 RS232C 串行口或 RJ45 口等来完成。

二、数控装置

数控系统一般是由专用或通用计算机硬件加上系统软件和应用软件组成,能够完成数控设备的运动控制功能、人机交互功能、数据管理功能和相关的辅助控制等功能。它是数控设备功能实现和性能保证的核心,是整个数控设备的中心控制机构。开放式数控技术的出现,使数控系统具备了自我扩展和自我维护的功能,为数控设备在应用中提供了自由完善、自定义系统软硬件功能和性能的能力。

数控装置是数控机床的核心,由数控系统、输入和输出接口等组成,它接收到的数控程序,经过编译、数学运算和逻辑处理后,输出各种信号到输出接口上。

三、伺服系统

伺服系统是连接数控装置和机械结构的控制传输通道。它将数控装置的数字量的指令输出转换成各种形式的电动机运动,带动机械结构执行元件实现其所规定的运动轨迹。伺服系统包括驱动放大器和电动机两个主要部分,其任务是实现一系列数/模或模/数之间的信号转化,表现形式就是位置控制和速度控制。

伺服系统接收数控装置输出的各种信号,经过分配、放大、转换,驱动各运动部件,完成零件的切削加工。

四、检测装置

位置检测、速度反馈装置根据系统要求不断测定运动部件的位置或速度。其结果转换成电信号传输到数控装置中,与目标信号进行比较、运算,以此对运动部件进行控制。

五、运动部件

运动部件是指由包括床身、主轴箱、工作台、进给机构等组成的机械部件,伺服电机驱动运动部件运动,完成工件与刀具之间的相对运动。

六、辅助装置

辅助装置是指数控机床的一些配套部件,包括液压和气动装置、冷却系统和排屑装置等。

1.3　数控加工原理

金属切削机床加工零件时,操作者根据图纸要求,控制机床操作系统,不断改变工件与刀具的相对运动参数(位置、速度等),使刀具从工件上切除多余材料,制造出符合形状、尺寸、表面质量等技术要求的零件。

数控加工的基本工作原理包括以下三个方面:

(1)把加工过程中所需的各种操作步骤(如主轴变速、工件夹紧、进给、启停、刀具选择、冷却液供给等)和工件的形状尺寸用程序来表示。

(2)将信息输入到计算机数控装置,并进行相应的处理和运算。

(3)把刀具和工件的运动坐标分割成一些最小单位量,由数控系统按照零件程序的要求控制伺服驱动系统,从而实现刀具与工件的相对运动,完成零件的加工。

在数控加工中,数控装置以脉冲群的形式向数控机床传递运动命令,每一个脉冲对应于机床的单位位移量,由此实现数控机床的加工。

所谓插补运算,是指在进行曲面加工时,用给定的数学函数来模拟线段 ΔL,即给出一个曲线的种类、起点、终点以及速度后,然后根据给定的数学函数,在理想的轨迹或轮廓上的已知点之间进行数据点的密化,从而确定一些中间点的运算方法。

由此可见,要实现数控加工,必须有一台具备以下功能要求的数控设备:

(1)数控装置应具备接受零件图样加工要求的信息,并按照一定的数字模型进行插补运算,实时地向各坐标轴发出速度控制指令以及切削用量的功能。

(2)驱动装置应当响应快速、功率符合要求。

(3)能满足上述加工要求的机床主机、刀具、辅助设备以及各种加工所需的辅助功能。

在数控机床上,先把被加工零件的工艺过程(如加工顺序、加工类别)、工艺参数(如主轴转速、进给速度、刀具尺寸)以及刀具与工件的相对位移用数控语言编写成一系列的加工程序,然后将程序输入到数控装置,数控装置便根据数控指令控制机床的各种操作和刀具与工件的相对位移,当零件加工程序结束时,机床会自动停止,加工出合格的零件,其工作原理如图 1-4 所示。

图 1-4 数控机床工作原理

1.4 数控铣的特点

科学技术和市场经济的不断发展,对机械产品的质量、生产效率和新产品的开发周期提出了越来越高的要求。虽然许多生产企业(如汽车、拖拉机、家用电器等制造厂)已经采用了自动机床和专用自动生产线,可以提高生产效率、提高产品质量、降低生产成本,但是由于市场竞争日趋激烈,企业在频繁的开发新产品的生产过程中,使用工艺过程的改变极其复杂,"刚性"(不可变)自动化设备的缺点暴露无遗。另外,在机械制造业中,并不是所有产品零件都具有很大的批量。据统计,单件小批量生产约占加工总量的 $75\% \sim 80\%$。对于单件、小批量、复杂零件的加工,若用"刚性"自动化设备加工,则生产成本高、生产周期长,而且加工精度也很难符合要求。

为了解决上述问题,满足新产品的开发和多品种、小批量生产的自动化,国内外已研制生产了一种灵活的、通用的、万能的、能适应产品频繁变化的数控(CNC)机床。

下面介绍数控铣床的主要特点。

数控铣加工技术

1.4.1 高柔性

数控铣床的最大特点是高柔性,即可变性。所谓"柔性"即是灵活、通用、万能,可以适应加工不同形状工件的自动化机床。

数控铣床一般都能完成钻孔、镗孔、铰孔、铣平面、铣斜面、铣槽、铣曲面(凸轮)、攻螺纹等加工,而且一般情况下,可以在一次装夹中完成所需的加工工序。

如图 1-5 所示为齿轮箱,齿轮箱上一般有两个具有较高位置精度要求的孔,孔周有安装端盖的螺孔,按照老的传统加工方法,步骤如下:

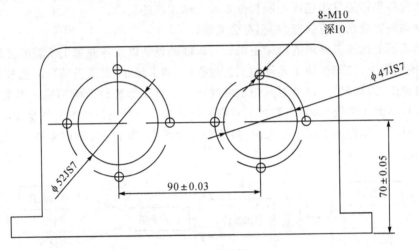

图 1-5　齿轮箱

(1)划线。划底面线 A,划 ϕ47JS7、ϕ52JS7 及 90±0.03 中心线。

(2)刨(或铣)底面 A。

(3)平磨(或括削)底面 A。

(4)镗加工(用镗模),铣端面,镗 ϕ52JS7、ϕ47JS7,保持中心距 90±0.03。

(5)划线(或用钻模),划 8-M6 孔线。

(6)钻孔攻丝,钻攻 8-M6 孔。

以上工件至少需要 6 道工序才能完成。如果用数控铣床加工,只需把工件的基准面 A 加工好,可在一次装夹中完成铣端面、镗 ϕ52JS7、ϕ47JS7 及钻攻 8-M6 孔,也就是将以上(4)、(5)、(6)工序合并为 1 道工序加工。

更重要的是,如果开发新产品或更改设计需要将齿轮箱上 2 个孔改为 3 个孔,8-M6 螺孔改为 12-M6 孔,如果采用传统的加工方法必须重新设计制造镗模和钻模,生产周期长,而如果采用数控铣床加工,只需将工件程序指令改变一下(一般只需 0.5～1h),即可根据新的图样进行加工。这就是数控机床高柔性带来的特殊优点。

1.4.2 高精度

目前数控装置的脉冲当量(即每轮出一个脉冲后滑板的移动量)一般为 0.001mm,高精度的数控系统可达 0.0001mm。因此一般情况下,绝对能保证工件的加工精度。另外,数控加工还可避免工人操作所引起的误差,同一批次加工零件的尺寸同一性特别好,产品质量能得到保证。

1.4.3　高效率

数控机床的高效率主要由数控机床的高柔性特点带来的。如数控铣床,一般不需要使用专用夹具和工艺装备。在更换工件时,只需调用储存于计算机中的加工程序,装夹工件并调整刀具数据即可,可大大缩短生产周期。更主要的是数控铣床的万能形带来高效率,如一般的数控铣床都具有铣床、镗床和钻床的功能,工序高度集中,提高了劳动生产率并减少了工件的装夹误差。

另外,数控铣床的主轴转速和进给量都是无级变速的,因此有利于选择最佳切削用量。数控铣床都有快进、快退、快速定位功能,可大大减少机动时间。

据统计,采用数控铣床生产率比普通铣床可提高 3～5 倍。对于复杂的成形面加工,生产率可提高十几倍甚至几十倍。

1.4.4　大大减轻了操作者的劳动强度

数控铣床加工零件是按事先编好的程序自动完成的。操作者除了操作键盘、装卸工件、中间测量及观察机床运行外,不需要进行繁重的重复性手工操作,可大大减轻劳动强度。

由于数控机床具有以上优点,数控机床已经成为金属切削机床的发展方向。但是数控机床的编程操作比较复杂,对编程人员的素质要求较高。另外,数控机床的价格昂贵,如编程操作不慎,一旦发生碰撞,其后果不堪设想,因此必须重视编程操作人员的培训。

1.5　数控铣的主要应用

机械加工中,经常遇到各种平面轮廓和立体轮廓的零件,如凸轮、模具、叶片、螺旋桨等。其母线形状除直线和圆弧外,还有各种曲线,如以数学方程式表示的抛物线、双曲线、阿基米德螺线等曲线和以离散点表示的列表曲线。而其空间曲面可以是解析曲面,也可以是以列表点表示的自由曲面。由于各种零件的型面复杂,需要多坐标联动加工,因此采用数控铣床加工的优越性就特别显著。

1.5.1　平面轮廓加工

这类零件的表面多由直线和圆弧或各种曲线构成,常用两坐标系联动的三坐标铣床加工,是生产上最常见的一种,编程也较简单。

图 1-6 是由直线和圆弧构成的平面轮廓。工件轮廓为 $ABCDEA$,采用圆柱铣刀周向加工,刀具半径为 r。虚线为刀具中心的运动轨迹。当机床具备 G41、G42 功能并可跨象限编程时,则按轮廓 AB、BC、CD、DE、EA 划分程序段。当机床不具备刀具半径补偿功能时,则按刀心轨迹 $A'B'$、$B'C'$、$C'D'$、$D'E'$、$E'A'$ 划分程序段,并按虚线所示的坐标值编程。对于按象限划分圆弧程序段时,则程序段数相应增加。为了保证加工面平滑过渡,增加了切入外延 PA'、切出外延 $A'K$、让刀 KL 以及返回 LP 等程序段。应尽可能避免法向切入和进给中途停顿。

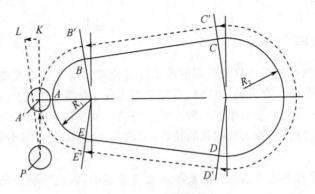

图 1-6　平面轮廓铣削

当平面轮廓为任意曲线时,由于实现任意曲线的数控装置是相当复杂甚至是不可能的,而一般数控装置只具备直线和圆弧插补功能,所以常用多个直线段或圆弧段去逼近它。图 1-7 是用直线或圆弧逼近的情况。逼近线段的交点称为"节点",并按节点划分程序段。逼近线段的近似区间愈大,则节点数愈少,但逼近线段的误差 δ 应小于允许误差。考虑到工艺系统以及计算等误差的影响,δ 一般取为零件公差的 $1/5 \sim 1/10$。实际加工时,还应计算与逼近线段相对应的铣刀中心轨迹的节点坐标。

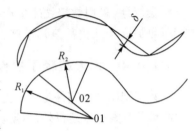

图 1-7　曲线的逼近

1.5.2　曲面轮廓的加工

立体曲面的加工,根据曲面形状、刀具形状(球状、柱状、端齿)以及精度要求采用不同的铣削方法,如二轴半、三轴、四轴、五轴等插补联动加工。

一、两坐标联动的三坐标行切法加工

X、Y、Z 三轴中任意二轴作插补联动,第三轴作单独的周期进刀,常称二轴半联动。如图 1-8 所示,沿 X 轴方向分成若干段,圆头铣刀沿 YZ 面所截的曲线进行铣削,每一段加工完后进给 Δx,再加工另一相邻曲线,如此依次切削即可加工出整个曲面。由于是一个个狭截面的加工,故称"行切法"。根据表面光洁度及刀头不干涉相邻表面的原则选取 Δx。行切法加工所用的刀具通常是球刀铣头(即指状铣刀)。用这种刀具加工曲面,不易干涉相邻表面,计算比较

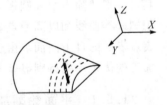

图 1-8　曲面行切法

简单。球状铣刀的刀头半径应选得大一些,有利于提高加工光洁度,增加刀具刚度、散热等,但刀头半径应小于曲面的最小曲率半径。

图 1-9 为内循环滚珠螺母反向器示意图,是另一种二坐标联动三坐标位移的加工方法。滚道母线 SS' 为一条空间曲线,在 XY 及 XZ 二平面上均为平面曲线。可采用阶梯逼近的加工方法(图右所示),在 XY 平面内二轴联动,沿 Z 轴作定向周期进给,依次步步逼近,从而形成一条空间曲线。

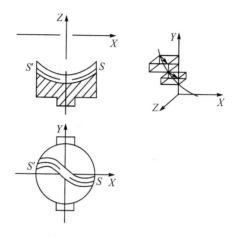

图 1-9 空间曲线的阶梯逼近

用球头铣刀加工曲面时,总是用刀心轨迹的数据进行编程。图 1-10 为二轴联动三坐标行切法加工的刀心轨迹与切削点轨迹示意图。$ABCD$ 为被加工曲面,P 平面为平行于 YZ 平面的一个平行面,其刀心轨迹 O_1O_2 为曲面 $ABCD$ 的等距面 $IJKL$ 与行切面 P_{yz} 的交线,显然,O_1O_2 是一条平面曲线。在这种情况下,曲面的曲率变化会导致球头刀与曲面切削点的位置亦随之改变,而切削点的连线 ab 是一条空间曲线,从而在曲面上形成扭曲的残留沟纹。

由于二轴半坐标加工的刀心轨迹为平面曲线,故编程计算较为简单,数控逻辑装置也不复杂,常用于曲率变化不大以及精度要求不高的粗加工。

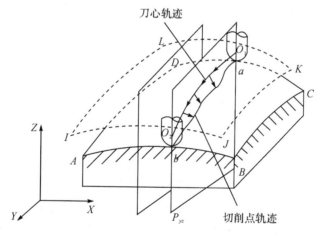

图 1-10 二轴半坐标加工

二、三坐标联动

X、Y、Z 三轴可同时插补联动。用三坐标联动加工曲面时,通常也用行切方法,如图 1-11 所示。同样,P 平面为平行于 YZ 平面的一个行切面,其与曲面的交线 ab 若要求为一条平面曲线,则应是球头刀与曲面的切削点总是处在平面曲线 ab 上,以获得规则的残留沟纹。显然,这时的刀心轨迹 O_1O_2 不在 P_{yz} 平面上,而是一条空间曲线(实际上是空间折线),因此,需要 X、Y、Z 三轴联动加工。

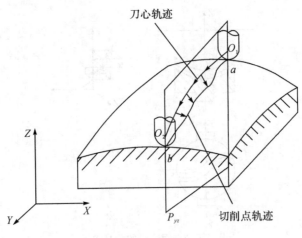

图 1-11　三坐标加工

对于图 1-12 所示的零件,如用三坐标联动加工,可缩小逼近误差,容易保证加工质量。

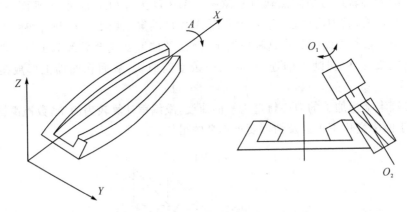

图 1-12　四坐标加工

三坐标联动加工常用于复杂曲面的精确加工(如精密锻模),但编程计算较为复杂,且所用的数控装置还必须具备三轴联动功能。

三、四坐标加工

如图 1-12 所示,侧面为直纹扭曲面。若在三坐标联动的机床上用圆头铣刀按行切法加工时,不但生产率低,而且光洁度差。为此,采用圆柱铣刀周边切削,并用四坐标铣床加工,即除三个直角坐标运动外,为保证刀具与工件型面在全长始终贴和,刀具还应绕 O_1 (或 O_2)作摆角联动。由于摆角运动,导致直角坐标系(图中 Y)需作附加运动,其编程计算较为复杂。

四、五坐标加工

螺旋桨是五坐标加工的典型零件之一,其叶片形状及加工原理如图 1-13 所示。在半径为 R_i 的圆柱面上与叶面的交线 AB 为螺旋线的一部分,螺旋角为 ϕi,叶片的径向叶型线(轴向剖面)EF 的倾角 α 为后倾角。螺旋线 AB 用极坐标加工方法并以折线段逼近。逼近线段是由 C 坐标旋转 $\Delta\theta$ 与 Z 坐标位移 Δz 的合成。当 AB 加工完后,刀具径向位移 Δx(改变 R_i),在加工相邻的另一条叶型线,依次逐一加工,即可形成整个叶面。由于叶面的曲率半径较大,所以常用端面铣刀加工,以提高生产率并简化程序。因此,为保证铣刀端面始终与曲面贴和,铣刀还应作与坐标 A 和坐标 B 形成 θ_i 和 α_i 的摆角运动,在摆角的同时,还应作直角坐标的附加运动,以保证铣刀端面中心始终处于编程值位置上,所以需要 Z、C、X、A、B 五坐标加工,这种加工的编程计算相当复杂。

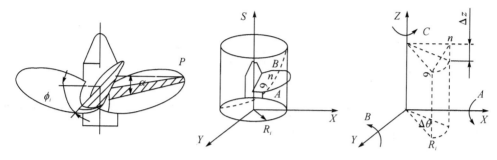

图 1-13   五坐标加工

第2章 数控铣床机床结构

2.1 数控铣床分类

数控铣床的分类方法与通用机床类似,通常可以分为三大类:立式数控铣床、卧式数控铣床、立卧两用数控铣床。

2.1.1 立式数控铣床

立式数控铣床的应用在数控铣床中最为广泛。小型立式数控铣床与普通立式升降台铣床的工作原理相差不大,机床的工作台可以自由移动,但是升降台和主轴固定不能移动;中型立式数控铣床的工作台通常可以纵向和横向移动,主轴可沿垂直方向的溜板上下运动;大型立式数控铣床在设计过程中通常要考虑扩大行程、缩小占地面积以及刚性等技术上的问题,所以往往采用龙门架移动式,主轴可在龙门架的横向和垂直方向的溜板运动,龙门架沿床身做纵向运动。

从数控系统控制的坐标数量来分,立式数控铣床可分为二轴半坐标数控立铣、三坐标数控立铣、四坐标数控立铣和五坐标数控立铣。目前三坐标立式数控铣床应该最广,可进行三坐标联动加工;部分机床三个坐标中只能进行任意两个坐标联动加工,通常这种机床成为二轴半坐标数控立铣;所谓四坐标数控立铣和五坐标数控立铣,是指机床除了三个坐标可以联动加工之外,机床主轴还可以绕三个坐标轴中的一个或两个轴做摆角运动。一般来说,机床控制的坐标轴越多,尤其是要求联动的坐标轴越多,机床的功能就越齐全,机床的加工范围和加工对象也就越广,但是与之对应的机床结构和数控系统更加复杂,编程难度更大,设备更加昂贵。图 2-1 所示为一台立式数控铣床。

图 2-1 立式数控铣床

为了提高数控立铣的生产效率,通常可以采用自动交换工作台,这样就大大减少了零件装卸的生产准备时间。除此之外,还可以通过附加数控转盘、增加靠模装置、采用气动或液压的多工位夹具等方法来提高数控立铣的生产效率。

2.1.2 卧式数控铣床

卧式数控铣床的主轴轴线平行于水平面,这一点与通用卧式铣床相同。为了扩大加工范围和扩充机床功能,卧式数控铣床经常采用增加数控转盘或万能数控转盘来实现4、5坐标联动加工。这样,不仅工件侧面上的连续回转轮廓能加工出来,而且能实现在工件的一次装夹中,通过转盘改变工位,以实现"四面加工"。万能数控转盘还可以把工件上不同空间角度的加工面摆成水平面来加工。因此,对于箱体类零件或在一次安装中需要改变工位的工件来说,应该优先考虑选择带数控转盘的卧式数控铣床进行加工。图2-2所示为一台卧式数控铣床。

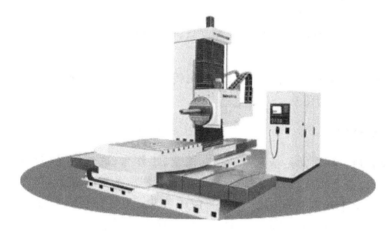

图 2-2　卧式数控铣床

由于卧式数控铣床增加了数控转盘,所以很容易对工件进行"四面加工",且在很多方面胜过带数控转盘的立式数控铣床,因此目前越来越受到重视。卧式数控铣床的横向运动是连续的,所以和通用卧式铣床相比,它没有固定圆盘铣刀刀杆的移出拖板和托架。

2.1.3 立卧两用数控铣床

这类数控铣床目前应用比较广泛。立卧两用数控铣床的主轴方向可以更换,能在一台机床上既实现立式加工,又能实现卧式加工,因此其适用范围更广、功能更齐全。尤其进行批量小、品种多的生产,且需要立、卧两种加工方式时,这种数控机床的优点就体现出来了。

立卧两用数控铣床的主轴方向的更换方法有两种:自动和手动。采用数控万能主轴头的立卧两用数控铣床,其主轴头可以任意改变方向,加工出与水平面成不同角度的工件表面。当立卧两用数控铣床增加数控转盘以后,甚至可以对工件进行"五面加工"。所谓"五面加工"就是,除了工件与转盘贴的定位面,其余表面都可以在一次安装中进行加工。

可以预见,带有数控万能主轴头的立卧两用数控铣床或者加工中心将是今后国内外数控机床生产的重点,代表了数控机床的发展方向。

2.2 数控铣床机械结构

从数字控制技术特点看,由于数控机床采用了伺服电机,应用数字技术实现了对机床执行部件工作顺序和运动位移的直接控制,传统机床的变速箱结构被取消或部分取消了,因而机械结构也大大简化了。数字控制还要求机械系统有较高的传动刚度和无传动间隙,以确保控制指令的执行和控制品质的实现。同时,由于计算机水平和控制能力的不断提高,同一台机床上允许更多功能部件同时执行所需要的各种辅助功能已成为可能,因而数控机床的机械结构比传统机床具有更高的集成化功能要求。

从制造技术发展的要求看,随着新材料和新工艺的出现以及市场竞争对低成本的要求,金属切削加工正朝着切削速度和精度越来越高,生产效率越来越高和系统越来越可靠的方向发展。这就要求在传统机床基础上发展起来的数控机床精度更高,驱动功率更大,机械结构动、静、热态刚度更好,工作更可靠,能实现长时间连续运行和尽可能少的停机时间。

典型数控机床的机械结构主要有基础件、主传动系统、进给传动系统、回转工作台及其他机械功能附件等几部分组成。

2.2.1 基础件

数控铣床的基础件通常是指床身、立柱、横梁、工作台、底座等结构件,由于其尺寸较大(俗称大件),构成了机床的基本框架。其他部件附着在基础件上,有的部件还需要沿着基础件运动。由于基础件起着支撑和导向的作用,因而对基础件的基本要求是刚度好。此外由于基础件通常固有频率较低,在设计时还希望它的固有频率尽量高一些,阻尼尽量大一些。

2.2.2 主传动系统

数控铣床的主传动系统包括主轴电动机、传动系统和主轴部件。由于数控铣床的变速功能全部或大部分由主轴电动机的无级调速来完成,所以与普通铣床相比较,其主传动系统在结构上相对比较简单,省去了复杂的齿轮变速机构,或者只有二级或三级的齿轮变速系统以扩大电动机无级变速的范围。

一、主轴轴承配置
数控机床的主轴轴承配置形式主要有两种:高刚度型和高速型,如图 2-3 所示。

1.高刚度型
前支承采用双列短圆柱滚子轴承和 60°角接触双向推力球轴承组合,后支承采用短圆柱滚子轴承(图 2-3(a)),此配置形式大幅度提高了主轴的综合刚度,可实现强力切削,但因60°角的转速限制,因此多应用于中低速的数控机床主轴上。

为提高转速,有时也用角接触球轴承代替 60°角接触双向推力球轴承。

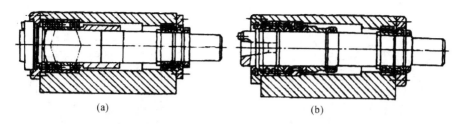

(a)高刚度型　(b)高速型
图 2-3　采用滚动轴承的主轴单元

2.高速型

前后轴承采用高精度调心滚子轴承,该轴承具有良好的高速性能,主轴 D_m 的 n 值可达 1×10^6 m/min,但是它的承载能力小,因而适用于高速、轻载和精密的数控机床主轴中(图 2-3(b))。

上述两种轴承要有合适的预紧量。预紧量的大小影响主轴的静刚度,但过大的预紧量会增加功耗和发热,过小预紧量会降低主轴刚度。

二、主轴的润滑与冷却

主轴轴承润滑和冷却是保证主轴正常工作的必要手段。为了尽可能减少主轴部件温升引起的热变形对机床工作精度的影响,通常利用润滑油循环系统把主轴部件的热量带走,使主轴部件与箱体保持恒定的温度,在某些数控机床上,采用专用的冷却装置,控制主轴箱温升。有些主轴轴承用高级油脂润滑,每加一次油脂可以使用 7～10 年。对于某些主轴要采用油气润滑、喷注润滑和突入滚道润滑等措施,以保证在高速时的正常冷却润滑效果。

2.2.3　进给传动系统

一、滚珠丝杠螺母副

在数控机床上,将回转运动与直线运动相互转换的传动装置一般采用滚珠丝杠螺母副。滚珠丝杠螺母副的特点主要有以下几点:

(1)传动效率高,一般为 $\eta=0.92\sim0.98$。

(2)传动灵敏,摩擦力小,不易产生爬行。

(3)具有可逆性,不仅可以将旋转运动转变为直线运动,可将直线运动变成旋转运动。

(4)轴向运动精度高,施加预紧力后,可消除轴向间隙,反向时无空行程。

(5)使用寿命长,制造成本高,不能自锁,垂直安装时需有平衡装置。

1.滚珠丝杠螺母副的结构和工作原理

滚珠丝杠螺母副的结构有内循环与外循环两种方式。

图 2-4 所示为外循环式,它由丝杠 1、滚珠 2、回珠管 3 和螺母 4 组成。在丝杠 1 和螺母 4 上各加工有圆弧形螺旋槽,将它们套装起来便形成螺旋形滚道,在滚道内装满滚珠 2。当丝杠相对于螺母旋转时,丝杠的旋转面经滚珠推动螺母轴向移动,同时滚珠沿螺旋形滚道滚动,因此丝杠和螺母之间的滑动摩擦转变为滚珠与丝杠、螺母之间的滚动摩擦。螺母螺旋槽的两端用回珠管 3 连接起来,构成一个闭合的循环回路,使滚珠能够从一端重新回到另一端。

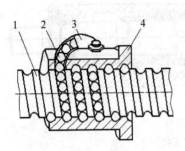

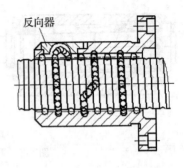

1-丝杠 2-滚珠 3-回珠管 4-螺母

图 2-4 外循环滚珠丝杠螺母副   图 2-5 内循环滚珠丝杠螺母副

图 2-5 所示为内循环式,与外循环式的不同之处在于,螺母的侧孔中装有圆柱凸轮式反向器,反向器上铣有 S 形回珠槽,将相邻两螺纹滚道联结起来。滚珠从螺纹滚道进入反向器,借助反向器迫使滚珠越过丝杠牙顶进入相邻滚道,实现循环。

2. 滚珠丝杠螺母副间隙的调整方法

为了保证滚珠丝杠螺母副的反向传动精度和轴向刚度,必须消除轴向间隙。其方法通常采用双螺母预紧,基本原理是使两个螺母产生轴向位移,消除它们之间的间隙并施加预紧力。但是预紧力不能太大,否则将造成传动效率降低、摩擦力增大、磨损增大、使用寿命降低。间隙调整主要有以下三种方法:

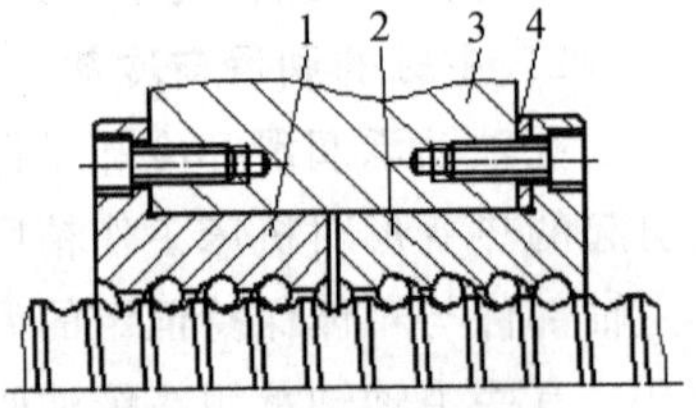

(1)垫片调整间隙法

如图 2-6 所示,调整垫片 4 的厚度使左右两螺母产生轴向位移,从而消除间隙,产生预紧力。这种方法简单、可靠,但调整比较费时,适用一般精度的机床。

1、2-单螺母 3-螺母座 4-调整垫片

图 2-6 垫片调整间隙法

(2)齿差调整间隙法

如图 2-7 所示,两个螺母的凸缘为圆柱外齿轮,而且齿数差为 1,即 $z_2 - z_1 = 1$。两只内齿轮用螺钉、定位销紧固在螺母座上。调整时先将内齿轮取出,根据间隙大小使两个螺母分别向相同方向转过一个或几个齿,然后再插入内齿轮,使螺母在轴向彼此移动近了相应的距离,从而消除两个螺母的轴向间隙。这种方法的结构复杂,尺寸较大,适应于高精度传动。

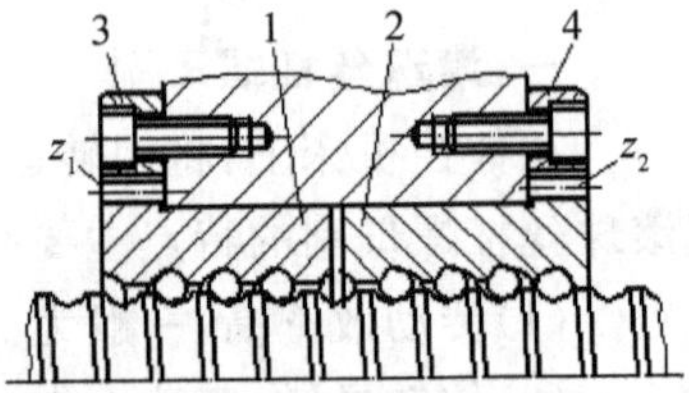

1、2-单螺母 3、4-内齿轮

图 2-7 齿差调整间隙法

(3)螺纹调整间隙法

如图 2-8 所示,右螺母 2 外圆上有普通螺纹,再用两圆螺母 4、5 固定。当转动圆螺母 4 时,即可调整轴向间隙,然后用螺母 5 锁紧。这种方法的特点是结构紧凑、工作可靠,滚道磨损后可随时调整,但预紧量不准确。

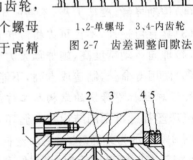

1、2-单螺母 3-平键 4-调整螺母 5-锁紧螺母

图 2-8 螺纹调整间隙法

二、导轨副

导轨是数控机床的重要部件之一,它在很大程度上决定数控机床的刚度、精度与精度保持性。目前,数控机床上的导轨型式主要有三种:滑动导轨、直线滚动导轨、液体静压导轨等。

1. 滑动导轨

滑动导轨具有结构简单、制造方便、刚度好、抗震性高等优点,因此在数控机床上应用广泛。若采用金属对金属型式,则静摩擦系数大,动摩擦系数随速度变化而变化,在低速时易产生爬行现象。为了提高导轨的耐磨性,改善摩擦特性,可通过选用合适的导轨材料、热处理方法等。

目前多数使用金属对塑料型式,称为贴塑导轨。贴塑滑动导轨的优点是塑料化学成分稳定、摩擦系数小、耐磨性好、耐腐蚀性强、吸振性好、相对密度小、加工成形简单,能在任何液体或无润滑条件下工作。其缺点是耐热性差、导热率低、热膨胀系数比金属大、在外力作用下易产生变形、刚性差、吸湿性大、影响尺寸稳定性。

2. 直线滚动导轨

图 2-9 是直线滚动导轨副的外形图,直线滚动导轨由一根长导轨(导轨条)和一个或几个滑块组成。当滑块相对于导轨条移动时,每一组滚珠都在各自的滚道内循环运动,其所受的载荷形式与滚动轴承类似。

直线滚动导轨的特点是摩擦系数小、精度高、安装和维修都很方便。由于直线滚动导轨是一个独立的部件,对机床支承导轨部分的要求不高,既不需要淬硬也不需要磨削或刮研,只需精铣或精刨。因为这种导轨可以预紧,因此其刚度较高。

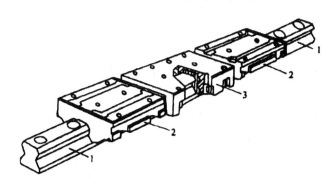

1-导轨条　2-循环滚柱滑座　3-抗震阻尼滑座

图 2-9　直线滚动导轨副的外形

3. 液体静压导轨

液体静压导轨的结构型式可分为开式和闭式两种。图 2-10 为开式静压导轨工作原理图。来自液压泵的压力油经节流阀 4,压力降至 P_1,进入导轨面,借助压力将动导轨浮起,使导轨面间以一层厚度为 h_0 的油膜隔开,油腔中的油不断地穿过各封油间隙流回油箱。当动导轨受到外负荷 W 作用时,使运动导轨向下产生一个位移,导轨间隙由 h_0 降至 h,使油腔回油阻力增大,油压增大,以平衡负载,使导轨仍在纯液体摩擦下工作。

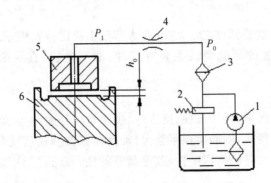

1-液压泵　2-溢流阀　3-过滤器　4-节流器　5-运动导轨　6-床身导轨

图 2-10　开式静压导轨工作原理

对于闭式液体静压导轨，其导轨的各个方向导轨面上均开有油腔，所以闭式导轨具有承受各方向载荷的能力，且其导轨保持平衡性较好。

液体静压导轨主要有以下一些特点：

(1)由于其导轨的工作面完全处于纯液体摩擦下，因而工作时摩擦系数极低($f = 0.0005$)。

(2)导轨的运动不受负载和速度的限制，且低速时移动均匀，无爬行现象。

(3)由于液体具有吸振作用，因而导轨的抗震性好。

(4)承载能力大、刚性好，摩擦发热小，导轨温升小。

(5)液体静压导轨的结构复杂，成本高，油膜厚度难以保持恒定不变。

液体静压导轨主要用于大型、重型数控机床上。

2.2.4　回转工作台

数控机床是一种高效率的加工设备，当零件被装夹在工作台上以后，为了尽可能完成较多工序或者一次全部完成装夹后所有工序的加工，以扩大工艺范围和提高机床利用率。除了要求机床可沿 X、Y、Z 三个坐标轴直线运动之外，还要求工作台在圆周方向有进给运动和分度运动。通常回转工作台可以实现上述运动，用以进行圆弧加工或与直线联动进行曲面加工，以及利用工作台精确地自动分度，实现箱体类零件各个面的加工。

数控回转工作台的主要功能有两个：一是工作台进给分度运动，即在非切削时，装有工件的工作台在整个圆周(360°范围内)进行分度旋转，二是工作台作圆周方向进给运动，即在进行切削时，与 X、Y、Z 三个坐标轴进行联动，加工复杂的空间曲面。

图 2-11 所示数控回转工作台由传动系统、间隙消除装置及蜗轮夹紧装置等组成。回转工作台由电动机 1 驱动，经齿轮 2 和 4 带动蜗杆 9 转动，通过蜗轮 10 使工作台回转。为了消除反向间隙和传动间隙，通过调整偏心环 3 来改变齿轮 2、4 的中心距，使齿轮总是无侧隙啮合。齿轮 4 和蜗杆 9 是靠楔形拉紧圆柱销 5(A—A 剖面)来连接，以消除轴与套的配合间隙。蜗杆 9 采用渐齿厚螺杆，轴向移动蜗杆可消除间隙。这种蜗杆的左右两侧具有不同的螺距，因此蜗杆齿厚从头到尾逐渐增加，但由于同一侧的螺距是相同的，所以仍能保持正确的啮合，调整时松开螺母 7 的锁紧螺钉 8 使压板 6 与调整套松开，松开楔形圆柱销 5，然后转动调整套 11 带动蜗杆 9 作轴向转动，调整后锁紧调整套 11 和楔形圆柱销 5。

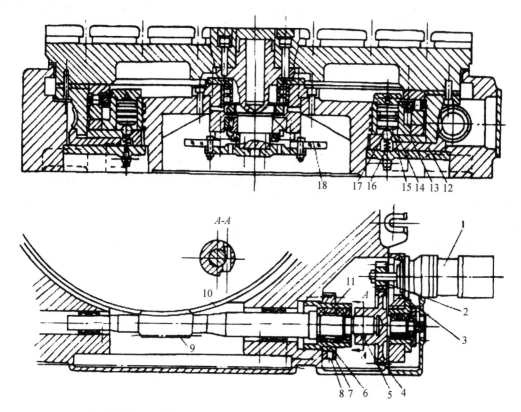

1-电动机　2、4-齿轮　3-调整偏心环　5-圆柱销　6-压板　7-螺母　8-螺钉
9-蜗杆　10-蜗轮　11-调整套　12、13-夹紧块　14-液压缸　15-活塞　16-弹簧　17-钢球　18-光栅

图 2-11　数控回转工作台

当工作台静止时,必须处于锁紧状态。为此,在蜗轮底部装有八对夹紧块 12 及 13,并在底座上均布着八个小液压缸 14,当液压缸 14 的上腔通入压力油时,活塞 15 向下运动,通过钢球 17 撑开夹紧块 12 及 13,将蜗轮夹紧。当工作台需要回转时,数控系统发出指令,液压缸 14 通回油,钢球 17 在弹簧 16 的作用下向上抬起,夹紧块 12 和 13 松开,此时蜗轮和回转工作台可按照控制系统的指令作回转运动。

数控回转工作台设有零点,当它作回零运动时,首先使装在蜗轮上的挡块碰撞限位开关,使工作台减速,然后通过光栅 18 使工作台准确地停在零点位置上,利用光栅可作任意角度的回转分度,并可达到很高的分度精度。

数控回转工作台主要应用于铣床等,特别是在加工复杂的空间曲面方面(如航空发动机叶片、船用螺旋桨等),由于回转工作台具有圆周进给运动,易于实现与 X、Y、Z 三坐标的联动,但需与高性能的数控系统相配套。

2.2.5　其他机械功能附件

其他机械功能附件主要指润滑、冷却、排屑和监控机构。由于数控机床是生产效率极高并可以长时间实现自动化加工的机床,因而润滑、排屑、冷却问题比传统机床更为突出。大切削量的加工需要强力冷却和及时排屑,冷却不足或排屑不畅会严重影响刀具的寿命,甚至使得加工无法继续进行。大量冷却和润滑液的使用还对系统的密封和防漏提出了更高的要求，从而引发了半封闭、全封闭机床的创新开发。

2.3 数控系统

2.3.1 数控(NC)及计算机数控(CNC)

根据国家标准 GB8129-96 机床数字控制的定义：用数值数据的装置(简称数控装置)，在运行过程中，不断地引入数值数据，从而对某一生产过程实现自动控制，叫作数值控制，简称数控。用计算机控制加工功能，实现数值控制，称计算机数控。

数控系统包括程序输出/输入设备、数控装置、可编程控制器、主轴驱动单元和进给驱动单元等。其中数控装置通常称为数控或计算机数控，图 2-12 为数控系统结构简图。

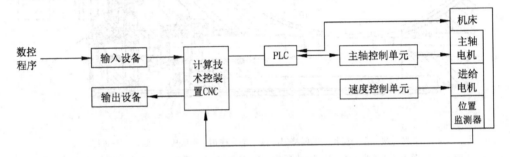

图 2-12　数控系统结构简图

现代的数控装置都是采用计算机作为核心，通过内部信息处理过程来控制数控机床。数控装置通过主轴驱动单元控制主轴电机的运行，通过各坐标轴的进给伺服驱动单元控制数控机床的各坐标的运动，通过可编程控制器控制机床的开关电路。数控操作人员可通过数控装置上的操作面板进行各种操作，或通过通信接口，由远程进行操作。操作情况及一些内部信息处理结果在数控装置的显示器中显示。

2.3.2 计算机数控系统(CNC)的内部工作过程

CNC 的内部工作过程如图 2-13 所示。

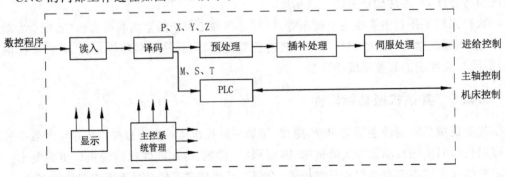

图 2-13　CNC 内部工作过程

一般情况下,在数控加工之前,启动 CNC,读入数控加工程序。此时,在数控装置内部的控制程序(或称执行程序、控制软件)作用下,通过程序输入装置或输入接口读入数控零件加工程序,并存放于 CNC 的零件程序存储器或存储区域内。当开始加工时,在控制程序作用下将零件加工程序从存储器中取出,按程序段进行处理。先进的译码处理程序将零件加工程序中的信息转换成计算机便于处理的内部形式,将程序段的内容分成位置数据(包括 X,Y,Z 位置运动数据)和控制指令(如 G,F,M,S,T,H,L 数控指令)并存放相应的存储区域。根据数据和指令的性质,大致进行三种流程处理:位置数据处理,主轴驱动处理及机床开关功能控制。

一、位置数据处理

位置数据处理的结果用以控制数控机床的坐标轴伺服驱动电机,使刀具与被加工工件的相对运动符合零件加工程序中规定的轮廓运动和位置要求。

位置数据处理过程按顺序大致有以下三个阶段:

(1)预处理。预处理为插补运算准备数据。将译码处理后的位置数据和 G、F 指令,进行预处理转化为可进行插补运算的插补坐标系的位置数据。预处理有数制变换(十进制数据转化成二进制数据)、坐标系变换(将零件加工程序的坐标系转化成插补坐标)、进给速度与处理和刀具补偿处理等内容。

(2)插补运算。以主要是对程序段给定的并经预处理后的刀具中心轨迹(轮廓的包络曲线)进行"数据点的密化"。在 CNC 中,通常按插补周期(例如 8ms)进行插补运算,计算出插补周期内应走过的曲线段长度,然后准确地将其分解至各坐标轴上,求出各坐标在插补周期内应走过的增量值 ΔX,ΔY,ΔZ…,插补运算的结果实时地输出给 CNC 的位置控制环节。

(3)位置控制的处理。根据不同类型的伺服驱动进行不同的处理。对于伺服驱动为开环步进电机系统,一般来说位置控制进行必要的螺距补偿、反向间隙补偿处理后,以程序规定的进给速度(经速度处理后的值)的要求输出一定频率的脉冲串给步进驱动系统。这一脉冲串的脉冲频率对应于进给速度的要求,脉冲数目相当于进给距离(位置)的大小。对于采用直流或交流电机伺服驱动的数控机床,其数控装置的位置控制,主要是完成每一采样周期(可以与插补周期一致,也可以取用不同的较小周期值)内插补运算计算出的理论位置值与位置反馈装置获得的实际位置值的差值,这一差值送到相应伺服驱动单元再进一步处理。位置控制输出的这一差值可以是模拟量也可以使数字量。此外,位置控制还要进行位置回路增益调整及螺距误差、反向间隙补偿的计算。

二、主轴驱动的处理

主轴驱动由两种类型:一种是主轴驱动与坐标轴进给驱动相互独立,互不相关;另一种是两者有一定的同步要求(如 C 轴控制),常用于数控车床及车削中心。

最常见的是主轴驱动与坐标轴驱动无关类型。在这种情况下,主轴驱动应保证主轴电机按 S 指令规定的转速运行。数控装置将 S 指令进行必要的变换,转化为输出主轴驱动单元的速度指令(速度是模拟量)。

主轴的定向控制(通常是换刀的需要),主要通过可编程控制器对 M19 指令进行处理,然后输出给主轴驱动单元。

三、机床开关功能的控制

这部分的信息处理是保证对零件加工程序中的辅助功能(M 功能)、刀具功能(T 功能)

等进行处理。M 功能包括机床的开关控制功能,如主轴的正反转(M03、M04)、主轴定向停止(M19)、换刀(M06)、冷却液开关打开(M07、M08)及冷却液开关关闭(M09)等。有些机床开关控制有一定的动作顺序要求。在 CNC 中,这些功能的处理是通过可编程控制器来实现,保证各动作的相互协调及动作顺序要求。可编程控制器将译码处理后的 M、S、T 等指令进行必要的转换,然后通过输出/输入处理后输出给机床,用以控制机床的相应继电器、开关或其他执行器件。

2.3.3 CNC 系统的主要功能

CNC 系统采用了微处理机、存储器、接口芯片等,通过软件实现许多过去难以实现的功能,因此 CNC 系统的功能要比 NC 系统功能丰富得多,更加便于适应数控机床的复杂控制要求,适应 FMS 和 CIMS 的需要。

数字控制功能通常包括基本功能和选择功能,基本功能是数控系统必备的功能,选择功能是供用户根据机床特点和用途进行选择的功能,常见的主要功能如下:

一、控制功能

控制轴有移动轴和回转轴、基本轴和附加轴。一般数控车床只需两根轴同时控制,双刀架时有 4 根控制轴;数控铣床、镗床以及加工中心等需要有 3 根,或 3 根以上的控制轴;加工空间曲面的数控机床则需要 3 根以上的同时控制轴;控制轴数越多,特别是同时控制轴数越多,CNC 系统就越复杂,编制程序也越困难。

二、准备功能

准备功能也称 G 功能,即用来指令机床运动方式的功能,包括基本移动、程序暂停、平面选择、坐标设定、刀具补偿、基准点返回、固定循环、米/英制转换等指令。它用指令 G 和它后续的两位数字表示。ISO 标准中准备功能从 G00—G99 共 100 种,数控系统可从中选用。G 代码的使用有一次性(限于在指令的程序段内有效)和模态(指令的 G 代码,直到出现同一组的其他 G 代码时保持有效)两种。

三、插补功能

NC 系统使用数字电路(硬件)来实现刀具轨迹插补。连续控制时实时性很强,计算速度很难满足数控机床对进给速度和分辨率的要求。因此,在实际的 CNC 系统中插补功能被分为粗插补和精插补,软件每次插补一个小线段,称为粗插补。接口根据粗插补的结果,将削线段分成单个脉冲输出,成为精插补。

进行轮廓加工的零件形状,大部分是由直线和圆弧构成,有的由更复杂的曲线构成,因此有直线插补、圆弧插补、抛物线插补、极坐标插补、正弦插补、圆筒插补、样条插补等。

实现插补运算功能的方法有逐点比较法、数字积分法、矢量法和直接函数运算法等。

四、固定循环功能

用数控机床加工零件,一些典型的加工工序,如钻孔、攻螺纹、镗孔、深孔钻削、车螺纹等,所需完成动作循环十分典型,将这些典型动作预先编好程序并存储在存储器中,用 G 代码进行指令,固定循环中的 G 代码所指令的动作程序,要比一般 G 代码所指令的动作多得多,因此使用固定循环功能,可以大大简化程序编制。

一般固定循环有如下六个动作顺序编制(图 2-14):

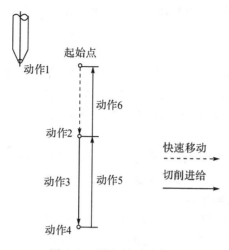

图 2-14　固定循环示意图

动作 1——X,Y 轴定位(初始点)

动作 2——快速移动到 R 点

动作 3——钻孔(切削进给)

动作 4——在孔底位置的动作

动作 5——退回到 R 点

动作 6——快速移动到初始点

固定循环加工的数据,按如下格式指令:

G□□X_Y_Z_R_Q_P_L_;

其中:G□□——钻孔方式,G73~G89 指令

X,Y——孔位置数据,用增量或绝对值指定

Z——从 R 点到孔底的距离,以增量值指定

R——从起始点到 R 点的距离,以增量值指定

Q——G73、G89 指定每次的切削量,G76、G87 指定移动量

P——在孔底的暂停时间

F——切削进给速度

L——1~6 动作的重复次数

五、进给功能

进给功能用 F 直接指令各轴的进给速度。

(1)切削进给速度(每分钟进给量)。以每分钟进给距离的形式指定刀具切削速度,用 F 字母和它后续的数字指定,ISO 标准中规定 F1~F5 位,对于直线轴如 F15000 表示速度是 15000mm/min,对于回转轴如 F12 表示每分钟的进给速度为 12°。

(2)同步进给速度(每转进给数)。同步进给速度即是主轴每转进给量规定的进给速度,如 0.01mm/r。只有主轴上装有位置编码器的机床才能指令同步进给速度。

(3)快速进给速度。数字控制系统规定了快速进给速度,它通过参数设定,用 G00 指令快速,还可以通过操作面板上的快速倍率开关分档。

(4)进给倍率。操作面板上设置了进给倍率开关,倍率可从 0~200% 之间变化,每档间隔 10％,使用倍率开关可不用修改程序中的 F 代码,就可改变机床的进给速度,对每分钟进给量和每转进给量都有效。

六、主轴功能

主轴功能就是指定主轴转速的功能,用 S 字母和它后续的数值表示,有 S2 位和 S4 位,多用 S4 位,S 的单位是 r/min。主轴的转向要用 M03(正向)M04(反向)指定。机床操作面板设有主轴倍率开关,用它可以不修改程序而改变主轴转速。

七、辅助功能

辅助功能用来规定主轴的起、停、转向、冷却泵的接通和断开、刀库的起/停等,用 M 字母和它后续的 2 位数值表示,ISO 标准中辅助功能从 M00～M99,共 100 种。

八、刀具功能和第二辅助功能

刀具功能用来选择刀具,用 T 字母和它后续的 2 位或 4 位数值表示。第二辅助功能用来指定工作台的分度,用 B 字母和它后续的 3 位数值表示。

九、补偿功能

加工过程中由于刀具磨损或更换刀具,以及机械传动中的丝杠螺距误差和反向间隙,将使实际加工出的零件尺寸与程序规定的尺寸不一样,造成加工误差,因此数控系统采用补偿功能,可以把刀具长度或直径(铣刀长度)的相应补偿量、丝杠的螺距误差和反向间隙误差的补偿量输入 CNC 系统的存储器,它就按补偿量重新计算刀具的运动轨迹和坐标尺寸,从而加工出符合要求的零件。

十、字符图形显示功能

CNC 系统可配置 9 英寸单色或 14 英寸彩色 CRT,通过软件和接口实现字符和图形显示,可以显示程序、参数、各种补偿量、坐标位置、故障信息、人机对话编程菜单、零件图形、动态刀具轨迹(表示实际切削过程)等。

十一、自诊断功能

CNC 系统中设置各种诊断程序,可以阻止故障的发生或扩大,在故障出现后可迅速查明故障类型及部位,减少故障停机时间。

不同的 CNC 系统设置的诊断程序不同,可以包含在系统程序中,在系统运行过程中进行检查和诊断,也可作为服务性程序,在系统运行前或故障停机后进行诊断,查找故障的部位,有的 CNC 系统还可以进行远程通信诊断。

十二、通信功能

通常具有 RS232C 接口,有的设备还有 DNC 接口,设有缓冲存储器。可用数控格式输入,也可以二进制格式输入,进行高速传输。有的 CNC 系统还可以与 MAP(制造自动化协议)相连,接入工厂通信网络,适应 FMS、CIMS 的要求。

十三、人机对话编程功能

复杂零件的 NC 程序要通过通用计算机或自动编程机编制。有的 CNC 系统可以根据蓝图直接编程,操作员或编程员只需送入图样上简单表示几个尺寸的 A(角度)、B(斜面)和 R(半径)等命令,就能自动地计算出全部交点、切点和圆心坐标,生成加工程序。有的 CNC 系统可根据引导图和说明的显示进行对话编辑,并具有自动工序选择(加工数控车床),使用刀具切削条件的自动选择,以及刀具使用顺序的变更(对于数控铣床和加工中心)等智能功能,有的 CNC 系统还备有用户宏程序及订货时确定的用户宏程序。这些使得未受过 CNC

编程训练的机械工人也能很快进行编程。

CNC 系统的控制功能、准备功能、插补功能、进给功能、刀具功能、主轴功能、辅助功能、字符显示功能、自诊断功能等是数控必备的基本功能。补偿功能、固定循环功能、图形显示功能、通信功能、人机对话编程等功能是 CNC 系统特色的选择功能。这些功能的有机组合,可以满足不同用户的要求。由于 CNC 系统用软件实现各种功能,不仅有利于对功能的不断完善,使用也更加方便。

2.3.4 常用数控系统的种类与特点

数控系统可以控制机床实现二轴、三轴或多轴联动加工。数控系统控制联动的进给轴数越多,加工过程中数控系统的计算数据量就越大,要求数控装置的计算速度也越快,从而导致数控系统的结构更加复杂,数控机床的制造成本大大提高。

数控机床的新型数控系统在保留传统数控系统功能的基础上,增加了更多计算机系统的功能,如:

(1)具有和计算机网络进行通信和联网的能力。该功能将数控系统与计算机网络直接相连。通过计算机网络可以将经过数控系统验证的 NC 代码存档备用,在计算机网络上由 CAD/CAM 软件生成的 NC 代码能够随时向数控系统传送。在加工复杂曲面时,由计算机网络和数控系统构成 DNC 加工模式,可消除数控系统程序存储器容量小的限制。

(2)实现远程控制加工的功能。数控机床的远程加工是指在远离数控机床的计算机上由操作人员对已经安装正确的工件进行加工。该种加工模式要求数控机床有较高的网络数据交换能力,在加工时数控机床将控制权限交与网络,由远程计算机控制数控机床,数控机床将加工过程的数据和图像反馈给远程计算机。

下面简单介绍一下常用的三种数控系统:FANUC、SIEMENS 和广数 983 系统。

一、FANUC 数控系统

FANUC 数控系统目前有 0 系列、1× 系列两类。

FANUC-0C 数控系统常用的有 0T 系列和 0M 系列。0T 系列主要用于车削类机床,可控制 2~3 个轴。0M 系列主要用于镗铣削类机床,可控制 3~4 个轴,具有三轴或五轴联动功能。

FANUC-1× 系列(10/11/12/15/16/18)数控系统属于高性能数控系统,主 CPU 采用 32 位 CISC 处理器和 RISC 高速处理器,主要用于高速度、高精度、高效率要求的加工场合。数控系统除具有常规的插补功能外,还增加了圆柱面插补、指数函数插补、渐开线插补;除了常规的补偿功能外,还具有坡度补偿、线性度补偿及各种新的刀具补偿功能。数控系统还增加了人工智能故障诊断功能,系统推理软件以知识库为根据查找故障原因。

FANUC-1× 系列数控系统具有多主轴、多控制轴控制功能,数控铣床可以构成具有三轴联动和五轴联动功能的加工中心;数控车床可以组成具有 C 轴、Y 轴功能的车削中心。FANUC-1× 系列数控系统还具有与计算机联网组成柔性制造系统的能力。

二、SIEMENS 数控系统

西门子数控系统常用的有 SIEMERIK 802D,这是西门子公司新推出的面向中国地区开发的普及型全数字数控系统。802D 数控系统主要有以下一些特点:

(1)仅有一个加工通道,采用 4(伺服轴)+1(主轴)轴控制模式。

（2）系统的输入、输出及驱动采用 PROFIBUS 通信协议，可实现各部件之间的快速无衰减同步通信，该协议抗干扰能力强、扩展性好。

（3）配置直流或交流伺服系统可组成简易车削或镗铣加工中心。

（4）因系统仅有一个控制通道，刀库选刀和加工过程不能同时进行。

SIEMERIK810 和 820T/M/G 数控系统采用 80816 微处理器、集成式 PLC、分离式小尺寸操作面板和机床控制面板。系统采用 RS232C 接口进行数据传送及通信联网，中英文菜单，操作编程简单方便，运行可靠，维修方便。SIEMERIK810 和 820T/M/G 数控系统多用于小型数控机床。

SIEMERIK 840D/T 是西门子公司生产的高性能数控系统，适用于高自动化水平的机床及柔性制造系统。SIEMERIK 840D/T 采用 32 位主 CPU 组成的多微处理器系统，它除了数控用 CPU 之外，还有伺服用 CPU 及通信用 CPU。在实际使用中除通信用 CPU 外，其他 CPU 均可扩展到 2～4 个。

SIEMERIK 840D/T 采用紧凑式通道结构 CNC 装置，有 10 个数控通道，同时可以处理 10 组数据；840D/T 最多可控制 24 个 NC 轴和 6 个主轴。系统很强的通信功能可与车间计算机网络联网，在加工的同时与柔性制造系统进行信息交换。

三、广数 983 数控系统

GSK983M 铣床数控系统（以下可简称为"系统"），是广州数控设备有限公司根据市场的需要，最新开发及推出的一款高精度、高效能的同时具有固化软件的闭环 CNC 系统，系统广泛适用于数控铣床、加工中心等机床和其他机械数值控制。系统控制回路采用了高速微处理器、常规大规模集成电路（LSI）、半导体存储器及最新的存贮元件，因而大大提高了可靠性，并大幅度提高了性价比。

GSK983M 铣床数控系统使用了目前应用技术先进、应用广泛的伺服电机，并采用高效能的脉冲编码器作为检测元件，从而构成了闭环的 CNC 系统。

2.4 伺服系统

2.4.1 伺服系统的概念

伺服系统是连接数控系统（CNC）和数控机床（主机）的关键部分，它接受来自数控系统的指令，经过转换和放大，驱动执行件实现预期的运动，并将运动结果反馈回去与输入指令相比较，直至与输入指令之差为零。伺服系统的性能直接关系到数控机床执行件的静态和动态特性，影响其工作精度、负载能力、相应快慢和稳定程度等。所以，至今伺服系统还被看作一个独立部分，与数控系统和数控机床（主机）并列为数控机床的三大组成部分。

按 ISO 标准伺服系统是一种自动控制系统，其中包含功率放大和反馈，从而使得输出变量的值紧密地对应输入量的值。它与一般机床进给系统有着本质的不同，进给系统的作用在于保证切削过程能够继续进行，不能控制执行件的位移和轨迹。伺服系统可以根据一定的指令信息，加以转换和放大，通过反馈能控制执行件的速度、精度位置以及一系列位置所形成的轨迹。

伺服系统一般由驱动控制单元、驱动元件、机械传动部件、执行件和检测反馈环节等组成。驱动控制单元和驱动元件组成伺服系统,机械传动部件和执行件组成机械传动系统。

目前在数控机床上,已经很少采用液压伺服系统,驱动元件主要是各种伺服电动机。在小型和经济型数控机床上还使用步进电动机,中高档数控机床几乎都采用直流伺服电动机和交流伺服电动机。全数字伺服驱动单元已得到广泛采用。

伺服系统是一种反馈控制系统,以脉冲指令为输入给定值,与输出被调量进行比较,利用偏差值对系统进行自动调节,以消除偏差,使被调量跟踪给定值。所以伺服系统的运动来源于偏差信号,必须具有负反馈电路,并始终处于过渡过程状态,而在运动过程中实现了力的放大,伺服系统必须有一个不断输入能量的能源。外加负载可以视为系统的扰动输入。

基于伺服系统的工作原理,除要求它具备良好的静态特征外,还应具备优异的动态特征。伺服系统除满足运动的要求外,还应有良好的动力学特征。

2.4.2　伺服系统的分类

一、开环进给伺服系统

开环进给伺服系统是数控机床中最简单的伺服系统,其控制原理图如图 2-15 所示。

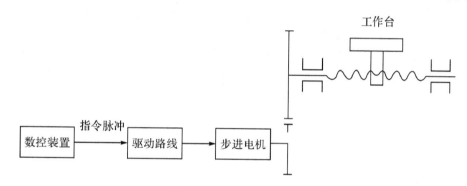

图 2-15　开环进给伺服系统

在开环进给伺服系统中,数控装置发出的指令脉冲经驱动路线,送到步进电动机,使其输出轴转过一定的角度,再通过齿轮副和丝杠螺母副带动机床工作台移动。指令脉冲的频率决定步进电机的旋转速度,指令脉冲数决定转角的大小。由于没有检测反馈装置,系统中各个部位的误差如步进电动机的步距误差、起停误差、机械系统的误差(方向间隙、丝杠螺距误差)等合成为系统的位置误差,所以精度比较低,而且速度也受到步进电动机性能的限制。但由于其结构简单、易于调整,在精度要求不太高的场合中仍然应用比较广泛。

二、闭环控制系统

因为开环系统的精度不能很好地满足数控机床的要求,所以为了保证加工精度,最根本的办法是采用闭环控制方式。闭环控制系统是采用直线型位置检测装置(如直线感应同步器、长光栅等)对数控机床工作台位移进行直接测量并进行反馈控制的位置伺服系统,其控制原理如图 2-16 所示。

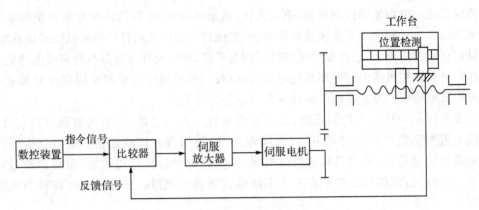

图 2-16 闭环控制系统

在闭环控制系统中，数控机床移动的位置通过检测装置进行检测，并将测量的实际位置反馈到输入端与指令位置进行比较。如果两者存在偏差，将此偏差信号放大，并控制伺服电机带动数控机床移动部件朝着消除偏差的方向进给，直到偏差等于零为止。

由于闭环控制系统将数控机床本身包括在位置控制环之内，因此机械系统引起的误差可由反馈控制得以消除，但受到数控机床本身的固有频率、阻尼、间隙等因素的影响，增大了设计和调试的困难。闭环控制系统的特点是精度高、系统结构复杂、制造成本高、调试维修困难，一般适合于大型精密机床。

根据输入比较的信号形式以及反馈检测方式，闭环控制系统又可分为鉴相式伺服系统、鉴幅式伺服系统和数字比较式伺服系统。在鉴相式伺服系统中，输入比较的指令信号和反馈信号是用相位表示的；在鉴幅式伺服系统和数字比较式伺服系统中，输入比较的指令信号和反馈信号是用数字脉冲表示的。

三、半闭环控制系统

采用旋转型角度测量元件（脉冲编码器、旋转变压器、圆感应同步器等）和伺服电动机按照反馈控制原理构成的位置伺服系统，成为半闭环控制系统，其控制原理如图 2-17 所示。半闭环控制系统的检测装置有两种安装方式：

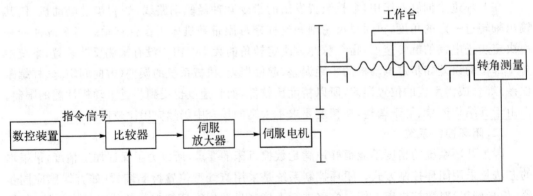

图 2-17 半闭环控制系统

（1）角位移检测装置安装在丝杠末端。由于丝杠的方向间隙和螺距误差等机械传动部件的误差限制了位置精度，因此比闭环系统的精度差；另一方面，由于数控机床移动部件、滚动丝杠螺母副的刚度和间隙都在反馈控制环以外,因此稳定性比闭环系统好。

(2)角位移检测装置安装在电动机轴端。和上一种半闭环控制系统相比,丝杠在反馈控制环以外,位置精度较低,但是安装调试简单,控制稳定性更好,所以应用比较广泛。

和闭环控制系统相比较,半闭环控制系统的精度要差一些,但其驱动功率大,快速响应好,因此适用于各种数控机床。半闭环控制系统的机械误差,可以在数控装置中通过间隙补偿和螺距误差补偿来减少。

2.4.3　数控机床对伺服系统的要求

(1)高稳定性。稳定性是指系统在给定输入或外界作用下,能在短暂的调节之后到达新的或者回到原有平衡状态的性能。数控机床稳定性的好坏将直接影响到数控加工的精度和表面质量。

(2)高精度。数控机床是按预定的程序自动进行加工的,不可能像普通机床那样可用手动操作来调整和补偿各种因素对加工精度的影响,故要求它本身具有高的定位精度($1\mu m$甚至$0.1\mu m$)和轮廓切削精度,以保证加工质量的一致性,保证复杂曲线、曲面零件的加工精度。

(3)快速响应。要求伺服系统跟踪指令信号的响应要快。一般过渡过程都要求在200ms 以内,甚至小于几十毫秒,而且过渡过程的前沿要陡,即斜率大,以保证轮廓切削的形状精度和良好的加工表面精度。

(4)调速范围宽。数控机床加工时,由于加工用刀具、被加工材料以及零件加工要求的不同,为保证在任何情况下都能得到最佳切削条件,就要求伺服系统有足够的调速范围。目前最先进的水平是当脉冲当量为 $1\mu m$ 时,进给速度从 $0\sim240 m/min$ 连续可调。对一般数控机床而言,要求在 $0\sim24 m/min$ 的进给速度下能稳定、均匀、无爬行地工作。

(5)低速大转矩。数控机床常在低速下进行切削,故要求伺服系统能输出较大的转矩。普通加工直径 400mm 的车床,纵向和横向驱动转矩都需在 10N·m 以上。为此,数控机床的进给系统传动链应尽量短,传动副的摩擦系数尽量小,并减少间隙、提高刚度、减少惯量、提高效率。

2.4.4　新技术发展前景

在数控机床技术中,数控伺服系统已经是相当成熟的技术。尽管如此,数控技术仍然处于日新月异的发展中。虽然世界上各个国家与地区之间伺服技术的发展很不平衡,但从现在国际市场上提供的最新产品可以看出,伺服系统的发展趋势主要有以下几个方面:

(1)交流化。伺服技术将继续迅速地由 DC 伺服系统转向 AC 伺服系统。从目前国际市场的情况看,几乎所有的新产品都是 AC 伺服系统。在工业发达国家,AC 伺服电机的市场占有率已经超过 80%。在国内生产 AC 伺服电机的厂家也越来越多,正在逐步地超过生产 DC 伺服电机的厂家。可以预见在不久的将来,除了在某些微型电机领域外,AC 伺服电机将完全取代 DC 伺服电机。

(2)全数字化。采用新型高速微处理器和专用数字信号处理器(DSP)的伺服控制单元将全面代替以模拟电子器件为主的伺服控制单元,从而实现完全数字化的伺服系统。在20 世纪 90 年代末,已经出现了电流环、速度环、位置环均采用数字控制的新产品。全数字化的实现,将原有的硬件伺服系统控制变成了软件伺服系统控制,从而使在伺服系统中应用现代控制理论的先进算法(如:最优控制、人工智能、模糊控制、神经元网络等)成为可能。比如在 1997 年北京国家机床博览会上展出的最新产品中,采用模糊逻辑作加/减速控制的 AC 伺服系统,已获得较之普通伺服系统平滑的多的加/减速曲线。

(3)采用新型电力电子半导体器件。目前,伺服控制系统的输出器件越来越多地采用频率很高的新型功率半导体器件,主要有大功率晶体管(GTR)、功率场效应晶体管(PMOS-FET)和绝缘门极晶体管(IGPT)等。这些先进器件的应用显著地降低了伺服单元输出回路的功耗,提高了系统的响应速度,降低了运行噪声。尤其值得一提的是,最新型的伺服控制系统已经开始使用一种把控制电路功能和大功率电子开关器件集成在一起的新型模块,称为智能功率模块(Intelligent Power Modules,简称 IPM)。这种器件将输入隔离、能耗制动、过温、过压、过流保护及故障诊断等功能全部集成于一个不大的模块之中。其输入逻辑电平与 TTL 信号完全兼容,与微处理器的输出可以直接接口。它的应用显著地简化了伺服单元的设计,并实现了伺服系统的小型化甚至微型化。

(4)高度集成化。代表 90 年代最新水平的伺服系统产品改变了以往的将伺服系统划分为速度伺服系统与位置伺服系统两个模块的做法,代之以单一的、高度集成化的、多功能的控制单元。同一个控制单元,只要通过软件设置系统参数,就可以改变其性能,既可以将其作为速度伺服单元来应用,又可以将其作为位置伺服或转矩伺服单元来应用。既可以使用电机本身配置的传感器构成半闭环调节系统,又可以通过接口与外部的位置或速度或转矩传感器构成高精度的全闭环调节系统。除此之外,伺服单元的内部通常还预置了多种加/减速控制模式,无论在位置伺服控制还是在速度伺服控制中,都可以让电机按给定的加/减速模式和一定的加速斜率运行,这就简化了 CNC 系统的控制任务。高度的集成化还显著地缩小了整个控制系统的体积,使得伺服系统的安装与调试工作都得到了简化。

(5)智能化。智能化是当前一切工业控制设备的流行趋势,伺服驱动系统作为一种高级的工业控制装置当然也不例外。最新数字化的伺服控制单元通常都设计为智能型产品,它们的智能化特点表现在以下几个方面:首先它们都具有参数记忆功能,系统的所有运行参数都可以通过人机对话的方式由软件来设置,在伺服单元的内部由自备电池长久保持。通过通信接口,这些参数甚至可以在运行途中由上位计算机加以修改,应用起来十分方便;其次它们都有故障诊断和分析功能,无论什么时候,只要系统出现故障,就会将故障的类型以及可能引起故障的原因通过用户界面清楚地显示出来,这就简化了维修与调试的复杂性。除以上特点外,有的伺服系统还具有参数自整定的功能。闭环调节系统的参数整定是保证系统性能指标的重要环节,也是需要耗费时间与精力的工作。带有自整定功能的伺服单元可以通过几次试运行,自动将系统的参数整定出来,并自动实现其最优化。对于使用伺服单元的用户来说,这是新型伺服系统最具吸引力的特点之一。

(6)模块化与网络化。在国外,以工业局域网技术为基础的工厂自动化(Factory Automation,简称 FA)工程技术在最近 10 年来得到了长足的发展,并显示出良好的发展势头。为适应这一发展趋势,最新的伺服系统都配置了标准的串行通信接口和专用的局域网接口。这些接口的设置,显著地增强了伺服单元与其他控制设备间的互联能力,从而与 CNC 系统间的连接也由此变得十分简单,只需要一根电缆或光缆,就可以将数台甚至数十台伺服单元与作为 CNC 用的上位计算机连接成为整个数控系统,通过高速的串行通信实现各坐标轴的联动。也可以通过串行接口与可编程控制器(PLC)的数控模块相连,从而构成简单的经济型数控装置,拓宽了伺服电机的应用范围。

(7)发展经济型伺服系统。随着数控技术的普及,不仅仅在高精度的切削机床中,而且在许多一般用途的通用机床(如冲床、剪床、弯管机等)中,也大量使用了伺服驱动系统。由于这些机床对伺服系统的要求并不像数控切削机床那样高,没有必要使用昂贵的高级伺服系统,而他们对伺服系统的需求量却是十分巨大的。因此适用于这些简单用途的简易经济型伺服系统肯定会得到迅速发展,而且可以实现像伺服电机一样的全四象限运行,从而实现了准确的位置控制。随着伺服技术的不断进步,可望在不久的将来,伺服控制与伺服电机在工业领域中的应用将会像今天的普通交流电动机一样的普遍。

2.5 数控卧式铣镗床的结构特点和主要技术参数

图 2-18 所示机床是在引进国外技术,结合 TK6511 系列数控刨台卧式铣镗床成熟经验的基础上,按照欧洲市场需求,为向国外批量出口而开发的。

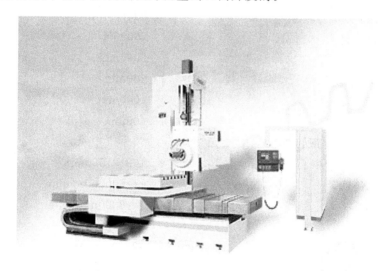

图 2-18 FK110 数控刨台卧式铣镗床

2.5.1 结构特点

(1)T 字型床身布局、工作台在运动中始终在横床上移动,行程可达 2000mm,扩大加工范围。机床具有足够的刚性,精度保持性好。

(2)主轴可数控进给 400mm,且轴向抗力大、可进行强力切削。

(3)X、Y、Z 三坐标导轨采用淬火钢,正面贴聚四氟乙烯导轨板,侧面有滚动体进行导向,导轨间摩擦力小、定位精度高。

(4)各坐标移动和工作台回转均采用交流伺服电机拖动,其中 X、Y、Z 坐标直接连接滚珠丝杠、W 坐标经齿轮减速后与滚珠丝杠连接，B 坐标采用双蜗杆机构以消除间隙，保证分度精度。

(5)工作台回转圆导轨采用铸铁－聚四氟乙烯导轨板，内装进口止推轴承卸荷，运动平稳、定位精度高、承重可达 5000kg。

(6)工作台测量采用进口圆光栅直接测量，使工作台的测量精度提高了一倍。

(7)主轴转速范围 10～3000r/min，无级调速，分高、中、低三挡液压变速，斜齿轮传动噪声低。

(8)备有冷却装置，可对工件及刀具进行冲洗、冷却，按用户要求可配有主轴内冷装置。

(9)X、Y、Z 三坐标可按用户要求配有进口光栅尺，定位精度可达精密级标准。

2.5.2 主要技术参数

工作台尺寸	1000mm×1250mm
工作台可承受的最大载荷	5000kg
工作台 T 型槽宽×个数	22H7×7
主轴直径	110mm
主轴转速	10～3000r/min
主轴最大扭矩	994N·m
主轴轴向最大抗力	25000N
工作台最大行程 X	2000mm
主轴箱最大行程 Y	200mm
立柱最大行程 Z	1000mm
主轴伸出行程 W	400mm
主轴中心到工作台面距离	60～1260mm
主轴端面到工作台中心距离	100～1500mm
进给速度：X、Y、Z	1～6000mm/min
W	1～3000mm/min
B	0～1.5r/min
快速移动速度：X、Y、Z	12000mm/min
W	3500mm/min
B	1.5r/min
定位精度：X、Y	0.025mm
Z、W	0.02mm
机床轮廓：尺寸及重量主机尺寸(长×宽×高)	4155mm×4285mm×3716mm
主机重量(约)	(净重)18800kg
占地面积(长×宽)	6400mm×6285mm

2.6 数控铣床和数控加工中心简介

数控铣床是最早出现和使用的数控机床,在制造业中具有举足轻重的地位,已经广泛应用于汽车、航天、军工、模具等行业。数控加工中心是一种功能较全的数控加工机床,是世界上产量最高,应用最广泛的数控机床之一。虽然数控铣床和加工中心的机床结构、控制系统功能等方面有所不同,但是由于加工中心是在数控铣床的基础上发展起来的,所以其在数控铣方面的加工工艺、操作方式、手工编程功能也适用于数控铣床。本书通过对加工中心介绍的一部分内容来说明数控铣床,使读者对二者的共同点能有一个比较感性的认识。

不同种类、不同档次的数控铣床功能差别比较大,但基本都具备以下主要功能:

(1)铣削加工。数控铣床一般都应具有三坐标以上联动功能,能实现直线插补和圆弧插补,自动控制铣刀对工件进行铣削加工。坐标联动轴数越多,工件的装夹要求就越低,加工工艺范围就越大。

(2)孔和螺纹的加工。在数控铣床上可以采用定尺寸孔加工刀具进行钻、扩、铰、锪、镗削等,也可以采用铣刀铣削不同尺寸的孔。机床数控系统具有螺旋插补功能,采用丝锥加工螺纹孔或用螺纹铣刀铣削内、外螺纹,加工效率较高,应用日益广泛。

(3)刀具补偿功能。刀具补偿功能包括刀具半径补偿功能和刀具长度补偿功能。刀具半径补偿功能可以解决平面轮廓加工时刀具中心运动轨迹和零件轮廓之间的位置尺寸关系,同时可以改变刀具半径补偿值来适应刀具直径尺寸的变化,加大了程序使用的灵活程度。

刀具长度补偿功能主要用于解决在长度方向刀具程序的设定位置与刀具的实际高度位置之间的协调问题。

(4)绝对坐标和相对坐标编程。程序中的坐标值可以采用绝对坐标和相对坐标,简化数据计算或程序编写。

(5)进给速度和主轴转速调节。数控铣床的控制面板一般设有进给速度和主轴转速的倍率开关,可以根据实际加工状态随时改变进给速度和主轴转速,以达到最佳的切削状态。一般情况下,进给速度的调节范围在 $0 \sim 150\%$ 之间,主轴转速的调节范围在 $50 \sim 120\%$ 之间。

(6)工件坐标设定。工件坐标系用来确定工件在机床工作台上的装夹位置,并可以根据工件位置的变化对坐标系进行平移或旋转,以利于加工程序的执行。

(7)固定循环。固定循环是固化为 G 指令的子程序,并通过各种参数适应不同的要求,主要用于实现一些典型的重复性的加工,如孔、内外螺纹、沟槽的加工。固定循环的优点是可以有效地简化程序的编制,提高加工效率。

(8)数据的输入输出及 DNC 功能。数控铣床一般设有 RS232C 接口,机床和机床之间、机床和计算机之间通过这种接口实现数据(加工程序、机床参数等)的输出和输入。由于数控铣床按照标准配置的程序存储空间一般都比较小,所以当加工程序超过存储空间时,可以采用 DNC 加工,利用外部计算机直接控制数控铣床进行加工。

(9)数据采集功能。数控铣床配置数据采集功能后,可以通过传感器进行测量和采集所需要的数据。对于仿形数控系统,还能对采集到的数据进行自动处理并生成数控加工程序。

（10）自诊断功能。当数控系统发生故障的时候,借助系统的自诊断功能,往往可以迅速准确地查明原因并确定故障部位。它是数控系统的一项重要功能,有利于数控机床的维修。

加工中心是一种功能比较齐全的数控机床,其刀库存放着不同数量的刀具和检具,在加工过程中通过程序实现自动选用和更换。这是加工中心和数控铣床的主要区别。

数控加工中心与同类数控机床相比,结构比较复杂、控制系统功能较多,其特点主要表现在以下几个方面：

（1）加工中心至少有三个运动坐标,多的甚至达十几个。

（2）加工中心的控制功能至少能实现三轴联动控制,多的可达五、六轴联动,使刀具能进行更复杂的运动。

（3）加工中心具有直线插补、圆弧插补,有的甚至具备螺旋线插补和 NURBS 曲线插补功能。

（4）加工中心还具有不同的辅助功能,如中心冷却、自动对刀、刀具破损检测报警、刀具寿命管理、过载保护、超行程自动保护、丝杠螺距误差补偿、丝杠间隙补偿、故障自动诊断、加工过程图形显示、人机对话、工件在线检测和加工自动补偿、离线编程等,有利于机床加工效率的提高,保证产品的加工精度和表面质量。

第3章　数控铣加工工艺

3.1　数控加工工艺设计内容

工艺设计是对工件进行数控加工的前期准备工作,它必须在程序编制工作之前完成。因此只有在工艺设计方案确定以后,编程才有依据。否则,由于工艺方面的考虑不周,将可能造成数控加工的错误。工艺设计搞不好,往往要成倍增加工作量,有时甚至要推倒重来。因此,编程人员一定要先把工艺设计搞好,不要先急于考虑编程。

根据实际应用中的经验,数控加工工艺设计主要包括下列内容:

(1)选择并决定零件的数控加工内容。

(2)零件图样的数控加工分析。

(3)数控加工的工艺路线设计。

(4)数控加工工序设计。

(5)数控加工专用技术文件的编写。

3.2　数控加工的质量分析

3.2.1　加工精度分析

所谓加工精度,就是零件在加工以后的几何参数(尺寸、形状和相互位置)的实际值与理想值相符合的程度。符合的程度越高,精度越高,反之则精度越低。加工精度高低常用加工误差来表示,加工误差越大,则精度越低,反之则精度越高。

在机械加工过程中,机床、夹具、刀具和工件构成一个系统,称为工艺系统。工艺系统中的各种误差将会不同程度地反映到工件上,成为加工误差。

工艺系统的各种误差,即影响加工精度的因素,按其性质不同,可归纳为四个方面:工艺系统的几何误差、工艺系统因受力变形引起的误差、工艺系统受热变形引起的误差和工件内应力引起的误差。

一、工艺系统的几何误差

工艺系统的几何误差是机床、夹具、刀具及工件本身存在的误差,又称为工艺系统的静误差。静误差主要包括加工原理误差、机床的几何误差、夹具和刀具误差及工件定位误差和调整误差等。

1.加工原理误差

它是指采用了近似的加工方法所引起的误差。如加工列表曲线时用数学方程曲线逼近被加工曲线所产生的逼近误差、用直线或圆弧插补方法加工非圆曲线时产生的插补误差等，减小此类误差的方法是提高逼近和插补精度。

2.机床的几何误差

它包括机床的制造误差、安装误差和使用后产生的磨损等。对加工精度影响较大的主要是机床主轴误差、导轨误差和传动误差。

(1)机床主轴误差。机床主轴是安装工件或刀具的基准，并将切削主运动和动力传给工件或刀具。因此，主轴的回转误差直接影响工件的加工精度。机床主轴的回转误差包括径向回转误差和轴向回转误差两个部分。径向误差主要影响工件的圆度，轴向误差主要影响被加工面的平面度误差和垂直度误差。

(2)机床导轨误差。机床床身导轨是确定各主要部件相对位置的基准和运动的基准，它的各项误差直接影响工件的加工精度。一般来说其对较短工件的影响不很大，但当工件较长时，其影响就不可忽视。

(3)传动误差。机床的切削运动是通过某些传动机构来实现的，这些机构本身的制造、装配误差和工作中的磨损，将引起切削运动的不准确。

3.刀具误差、夹具误差与工件定位误差

(1)刀具误差。机械加工中的刀具分为普通刀具、定尺寸刀具和成形刀具三类。普通刀具，如车刀、铣刀等，车刀的刀尖圆弧半径和铣刀的直径值在通过半径补偿功能进行补偿时，如果因磨损发生变化就会影响加工尺寸的准确性。定尺寸的刀具如钻头、铰刀、拉刀等，它们的尺寸、形状误差以及使用后的磨损将会直接影响加工表面的尺寸与形状。刀具的安装误差会使加工表面尺寸扩大(如铣刀安装时刀具轴线与主轴轴线不同轴，就相当于加大了刀具半径)。成形刀具的形状误差则直接影响加工表面的形状精度。

(2)夹具误差。夹具误差主要是指定位元件对定位装置及夹具等零件的制造、装配误差及工作表面磨损等。夹具确定工件与刀具(机床)间的相对位置，所以夹具误差对加工精度，尤其是加工表面的相对位置精度，有很大影响。

(3)工件定位误差。工件的定位误差是指由于定位不正确所引起的误差，它对加工精度也有直接的影响。

4.调整误差

在机械加工时，工件与刀具的相对位置需要进行必要的调整(如对刀、试切)才能准确，因此减小几何误差除要求机床、刀具和夹具应具有一定的精度外，控制调整误差也是主要措施之一。影响调整误差的主要因素有：测量误差、进给机构微量位移误差、重复定位误差等。

二、工艺系统受力变形引起的加工误差

在机械加工过程中，工艺系统在切削力、夹紧力、传动力、重力、惯性力等外力作用下会引起相应的变形和在连接处产生位移，致使工件和刀具的相对位置发生变化，从而引起加工误差。一般情况下，这种误差往往占工件总加工误差的较大比重。

工艺系统的刚度：刚度是物体或系统抵抗外力使其发生变形的能力。用变形方向上的外力与变形量的比值 K 来表示。

$$K = F/Y$$

式中，F——静载外力(N)；

Y——在外力作用方向上的静变形量(mm)。

机械加工过程中,由吃刀抗力 F_y 引起的工艺系统受力变形对加工精度影响最大,所以常用吃刀抗力测定机床的静刚度,即:

$$K=F_y/Y,Y=F_y/K$$

由上式可以看出,要减小因受力而引起的变形,就要提高工艺系统的刚度。

三、工艺系统热变形所引起的加工误差

工艺系统在各种热源作用下将产生复杂的热变形,使工件和刀具的相对位置发生变化,或因加工后工件冷却收缩,从而引起加工误差。

数控机床大多进行精密加工,由于工艺系统热变形引起的加工误差约占总误差的 40%～70%。因此,许多数控机床要求工作环境保持恒温,同时在加工过程中使用冷却液等方法可以有效地减小工艺系统的热变形。

四、工件内应力所引起的变形

所谓内应力是指当外部的载荷去除以后,仍然残存在工件内部的应力。如果零件的毛坯或半成品有内应力,则在继续加工时被切去一层金属,破坏了原有表面上的平衡,内应力将重新分布,工件发生变形,这种情况在粗加工时最为明显。

引起内应力的主要原因是热变形和力变形。在铸、锻、焊、热处理等热加工过程中,由于毛坯各部分冷却收缩不均匀而引起的应力称为热应力。在进行冷轧、冷校直和切削时,由于毛坯或工件受力不均匀,产生局部变形所引起的内应力称为塑变应力。

去除工件内应力的方法是进行时效处理,时效处理分为自然时效和人工时效两种,自然时效是在大气温度变化的影响下使内应力逐渐消失的时效处理方法,一般需要二三个月甚至半年以上的时间。人工时效是使毛坯或半成品加热后随加热炉缓慢冷却,达到加快内应力消失的时效处理方法,用时较短。大型零件、精度要求高的零件在粗加工后要经过时效处理才能进行精加工;精度要求特别高的工件要经过几次时效处理。

3.2.2　表面质量分析

零件的表面质量包括表面粗糙度、表面波度和表面层物理力学性能三个方面的内容。表面粗糙度是指表面微观几何形状误差,表面波度是指周期性的几何形状误差,表面层物理力学性能主要是指表面冷作硬化和残余应力等。

一、影响表面粗糙度的因素

(1)刀具切削刃的几何形状。刀具相对工件作进给运动时,在加工表面上留下了切削层残留面积,其形状完全是刀具切削刃形状在加工过程中的复映。残留面积越大,表面粗糙度越大。要减小切削层残留面积可以采取减小刀具主、副偏角和增大刀尖圆弧半径等措施。

(2)工件材料的性质。切削塑性材料时,切削变形大,切屑与工件分离产生的撕裂作用,加大了表面粗糙度。所以在切削中、低碳钢时,为改善切削性能可在加工前进行调质或正火处理。一般情况下,硬度在 HB170～230 范围内的材料切削性能较好。切脆性材料时,切屑呈碎粒状,由于切屑崩碎时会在表面留下麻点,使表面粗糙。如果降低切削用量,使用煤油润滑冷却,则可减轻切屑崩碎现象,减小表面粗糙度。

(3)切削用量。在一定的切削速度范围内,加工塑性材料容易产生积屑瘤或鳞刺,应避开这个切削速度范围(一般为小于 80m/min 时)。适当减小进给量可减小残留面积,减小粗糙度值。一般背吃刀量对表面粗糙度值影响不大。

（4）工艺系统的振动。工艺系统的振动分为强迫振动和自激振动两类。强迫振动是由外界周期性干扰力的作用而引起的，如断续切削、旋转零部件不平衡，以及传动系统的制造和装配误差等引起的振动。自激振动是在切削过程中，由工艺系统本身激发的，自激振动伴随整个切削过程。

减小强迫振动的主要途径是消除振源，采取隔振措施和提高系统刚度等。抑制自激振动的主要措施是合理地确定切削用量和刀具的几何角度，提高工艺系统各环节的抗震性（如增加接触刚度，加工时增加工件的辅助支承）以及采用减振器等措施。

二、影响表面冷硬、残余应力的因素

（1）影响表面冷硬的因素。影响表面冷硬的主要因素是刀具的几何形状和切削用量。刀具的刃口圆弧半径大，对表面层的挤压作用大，使冷作硬化现象严重。增大刀具前角，可减小切削层塑性变形程度，冷硬现象减小。切削速度的增大会使切削层塑性变形增大，冷硬更加严重，此外工件材料塑性越大，冷硬也越严重。

（2）影响表面残余应力的因素。如切削温度不高，表面层以冷塑变形为主，将产生残余压应力；如切削温度高，表面层产生热塑变形，将产生残余拉应力，表面残余应力将引起工件变形，尤其是表面拉应力将会降低其疲劳强度。

表面残余应力可通过光整加工、表面强化、表面热处理和时效处理等方法消除。

3.3 数控铣工艺分析

数控铣加工的工艺分析关系到加工的效果和成败，是编程之前的重要的准备工作，绝对不能轻视。

3.3.1 选择并确定数控铣加工部位及工序内容

由于数控铣床生产成本高、价格昂贵且数量有限，因此在选择加工对象和加工内容时一般以解决单位生产和科研中的加工难题为主，充分发挥数控铣床的经济效益。根据实际生产的经验，总结出下列内容作为数控铣加工的主要选择对象：

（1）采用数控铣后能大幅度提高生产效率、减轻劳动强度的加工内容。

（2）在一次装夹过程中能顺带铣出来的简单表面或轮廓。

（3）尺寸繁多、形状复杂、划线和检测困难的部位。

（4）通用机床加工时难以观察、测量和控制进给的内外凹槽。

（5）工件上曲线轮廓的内、外形，尤其是能用数学表达式表达的非圆曲线与列表曲线等曲线轮廓。

（6）已给出数学模型的空间曲面。

下列对象建议不要采用数控铣加工：

（1）简单的粗加工。

（2）占机进行人工调整的时间较长的粗加工内容。

（3）必须用细长铣刀加工的部位（通常指狭窄深槽或高筋板小转接圆弧部位）。

(4)毛坯的加工余量不充分或者加工部位不太稳定的部位。

(5)采用数控铣很难保证加工尺寸和精度要求的部位。

3.3.2　零件图的工艺性分析

针对数控铣加工的特点,下面列举出一些经常遇到的工艺性问题,作为对零件图进行工艺分析的要点来加以考虑。

(1)由于零件设计人员在设计过程中考虑不周或被忽略,常常遇到构成零件轮廓的几何元素的条件不充分或模糊不清,如圆弧与直线、圆弧与圆弧到底是相切还是相交,含糊不清。有些是明明画得相切,但根据图纸给出的尺寸计算相切条件不充分而变为相交或相离状态,使编程无从下手。有时所给条件过多,以致自相矛盾或相互干涉,增加了数学处理和节点计算的难度。

(2)零件所要求的加工精度、尺寸公差是否能得到保证?特别注意过薄的腹板与缘板的厚度公差,由于加工时产生的切削拉力及薄板的弹性退让容易产生切削面的振动,薄板厚度尺寸公差难以得到保证,表面质量也相应降低。根据实践经验,当面积较大的薄板厚度小于3mm 时应充分重视这一问题。

(3)内槽及缘板之间的过渡圆弧半径是否过小?这种过渡圆弧的半径常常限制刀具的半径。如图 3-1 所示,工件的被加工轮廓高度低,过渡圆弧半径大,可以采用较大直径的铣刀来加工,加工腹板面时走刀次数也将相应减少,表面加工质量有所提高,因此工艺性较好,反之数控铣工艺性较差。一般来说,当 $R < 0.2H$(被加工轮廓面的最大高度)时,可以认定零件该部位的工艺性不好。

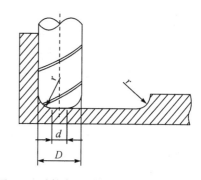

图 3-1　零件底面圆弧对铣削工艺性的影响

(4)零件铣削面的槽底圆角或腹板与缘板相交处的圆角半径 r 是否过小?如图 3-2 所示,当 r 越大,铣刀铣平面的能力越差,效率越低,当 r 大到一定程度时甚至必须用球刀头加工。因为铣刀与铣平面接触的最大直径 $d = D - 2r$(D 为铣刀直径),当 D 越大而 r 越小,铣刀铣削平面的面积越大,加工能力就越强,工艺性也就越好。

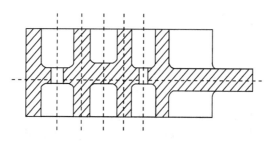

图 3-2　必须两次安装加工的零件

(5)零件图中各加工面的凹圆弧是否可以统一?在数控铣床上每多换一次刀就要增加不少工作量,如增加铣刀规格、对刀次数、停车次数等,这样不但编程难度增大,生产效率降低,而且由于频繁换刀也会引起表面质量的降低。所以,一个零件上凹圆弧半径一致性问题对数控铣工艺性显得相当重要。即使不能寻求完全统一，也要力求将数值相近的圆弧半径分组靠拢，达到局部统一，以减少铣刀规格和换刀次数。

（6）零件上有无统一基准以保证两次装夹加工后其相对位置正确性？由于数控铣床的试削方法不同于通用铣床，往往会因为工件的重新安装而接不好刀。为了避免这一问题，减少两次装夹误差，最好采用统一的基准来定位。如果零件上有合适的孔作为基准孔，这一问题不难解决；如果没有，可以考虑专门设置工艺孔作为定位基准。如实在无法制出基准孔，一般采用经过精加工的面作为统一基准。若连此都不能达到，最好只加工其中最复杂的面，其余的则采用通用铣床加工。

（7）分析零件的形状及原材料的热处理状态会不会在加工过程中变形？数控铣最忌讳工件在加工时变形，这样不但无法保证加工的质量，而且容易造成加工的中断。所以必须考虑采取一些必要的措施进行预防，如对钢质进行调质处理，对铸铝件进行退火处理。对不能采用热处理方法解决的，可以考虑粗、精加工及对称去余量等常规方法。此外，还要分析加工后的变形问题，采取相应工艺措施来解决。

3.3.3 零件毛坯的工艺性分析

在对零件图进行工艺性分析之后，还要结合数控铣加工的特点，对零件毛坯进行工艺性分析。如果毛坯不适合于数控铣，则在加工过程中可能碰到各种困难，使加工很难或无法继续下去。因此结合实践经验，下面的几个方面应该作为毛坯工艺性分析的要点：

一、分析毛坯余量的充分性和稳定性

毛坯主要指锻、铸件，因模锻时的欠压量与允许的错模量会造成余量不等，铸造的时候也可能由于沙型误差、收缩量以及金属液体的流动性差等原因而造成余量不足。此外，毛坯的翘曲和扭曲变形也可能产生余量不足。在通用铣削工艺中，对于上述情况通常可以采用划线时串位借料的方法解决。但是在数控铣加工中，加工过程的自动化决定了在加工过程中很难处理余量不足的问题。因此，只要是准备数控铣加工的工件，不管是锻件、铸件还是型材，其加工面必须留有足够的加工余量。

二、分析毛坯在安装定位方面的合理性

为了保证毛坯在一次装夹中尽可能多的加工出待加工面，必须充分重视毛坯在安装定位方面的可靠性和方便性。通常主要考虑以下几个方面的问题：

（1）是否必须增加装夹余量。

（2）是否必须增加工艺凸台进行定位于夹紧。

（3）是否能制出工艺孔。

（4）是否必须准备另外的工艺凸耳来制作工艺孔。

对于某些表面上很难定位安装的或者缺少定位基准孔与定位面的工件，要对毛坯进行细致工艺分析，想方设法解决上述问题。如图 3-3（a）所示，由于在加工上下腹板和内外轮廓时缺少定位安装面，所以造成了装夹的困难，但是只要在上下两筋分别增加两个工艺台就能很好地解决问题。又如图 3-3（b）所示，该工件缺少定位基准孔，也没有其他的能保证定位精度的方法，通过对工件的分析，只要在图示位置增加两个工艺凸耳，在凸耳上制出定位基准孔，问题就迎刃而解。对于另外增加的工艺凸台和凸耳，在完成定位安装后通过补加工去掉。

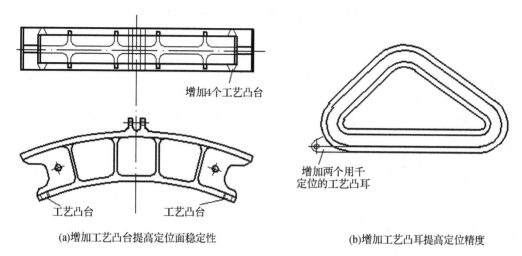

增加4个工艺凸台

工艺凸台   工艺凸台

(a)增加工艺凸台提高定位面稳定性

增加两个用干
定位的工艺凸耳

(b)增加工艺凸耳提高定位精度

图 3-3　在毛坯上解决安装定位的方法

三、分析毛坯的余量大小及均匀性

由于在加工过程中有可能出现分层切削,加工中与加工后可能出现不同程度的变形,所以必须采取必要的预防措施和补救措施。如对于热轧中、厚铝板,经淬火时效后很容易在加工中与加工后出现变形,最好采用经预拉伸处理的淬火板坯。

3.4　数控铣工艺设计

数控铣加工的工艺设计是在普通铣削加工工艺设计的基础上,结合数控铣床的特点,充分发挥其优势的一种铣削加工工艺。数控铣工艺设计的关键是合理安排工艺路线,协调数控铣工序与其他工序之间的关系,确定数控铣工艺的内容和步骤,为编制程序做必要的准备。

3.4.1　工序的划分

根据数控加工的特点,数控铣工序的划分一般可按下列方法进行:

(1)以同一把刀具加工的内容划分工序。有些零件虽然能在一次安装过程中加工出很多待加工面,但考虑到程序太长,会受到某些限制,如控制系统的限制(主要是内存容量)、机床连续工作时间的限制(如一道工序在一个班内不能结束)等。而且程序太长会增加出错率,查错与检索困难。因此程序不能太长,一道工序的内容不能太多。

(2)以加工部分划分工序。对于加工内容很多的零件,可按其结构特点将加工部位分成几个部分,如内形、外形、曲面或平面等。

(3)以粗、精加工划分工序。对于易发生加工变形的零件,由于粗加工后可能发生较大的变形而需要进行校形,因此一般来说凡要进行粗、精加工的工件都要将工序分开。

综上所述,在划分工序时,一定要视零件的结构与工艺性、机床的功能、零件数控加工内容的多少、安装次数及本单位生产组织状况灵活掌握。什么零件宜采用工序集中的原则还是采用工序分散的原则,也要根据实际需要和生产条件确定,要力求合理。

3.4.2 加工顺序的安排

加工顺序的安排应根据零件的结构和毛坯状况,以及定位安装与夹紧的需要来考虑,重点是工件的刚性不被破坏,顺序安排一般应按下列原则进行:

(1)上道工序的加工不能影响下道工序的定位与夹紧,中间穿插有通用机床加工工序的也要综合考虑。

(2)先进行内型腔加工工序,后进行外型腔加工工序。

(3)在同一次安装中进行的多道工序,应先安排对工件刚性破坏小的工序。

(4)以相同定位、夹紧方式或同一把刀具加工的工序,最好连接进行,以减少重复定位次数、换刀次数与挪动压板次数。

3.4.3 走刀路线的安排

走刀路线是刀具在整个加工工序中相对于工件的运动轨迹,它不但包括了工步的内容,而且也反映出工步加工的顺序。工步顺序是指同一道工序中,各个表面加工的先后顺序。它对零件的加工质量、加工效率和数控加工中的走刀路线有直接影响,应根据零件的结构特点和工序的加工要求等合理安排。在确定走刀路线时,主要考虑以下几点:

(1)对点位加工的数控机床,如钻、镗床要考虑尽可能缩短走刀路线,以减少空程时间,提高加工效率。

(2)为保证工件轮廓表面加工后的粗糙度要求,最终轮廓应安排最后一次走刀连续加工。

(3)刀具的进退刀路线必须认真考虑,要尽量避免在轮廓处停刀或垂直切入切出工件,以免留下刀痕。在铣削零件外轮廓时,铣刀应从轮廓的延长线上切入切出,或从轮廓的切向切入切出。在铣削内轮廓时,应从轮廓的切向切入切出,以避免在工件表面上留下刀痕。

(4)铣削轮廓的加工路线要合理,一般采用双向切削、单向切削和环形的走刀方式,如图 3-4 所示。在铣削封闭的内轮廓时,刀具的切入或切出不允许外延,最好选在两面的交界处,否则会产生刀痕。为保证表面质量,一般选择图 3-5 所示的走刀路线。

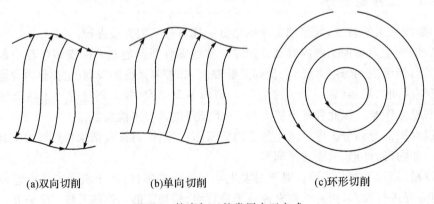

(a)双向切削   (b)单向切削   (c)环形切削

图 3-4 轮廓加工的常用走刀方式

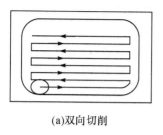
(a)双向切削

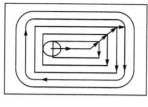
(b)环形切削

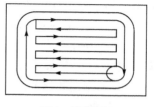
(c)双向+环形切削

图 3-5 封闭内轮廓常用走刀方式

3.4.4 加工表面的加工方案

数控铣的五类加工对象的主要加工表面一般可以采用如表 3-1 所示的加工方案。

表 3-1 加工表面的加工方案

序号	加工表面	加工方案	所使用的刀具
1	平面内外轮廓	X、Y、Z 方向粗铣→内外轮廓方向分层半精铣→轮廓高度方向分层半精铣→内外轮廓精铣	整体高速钢或硬质合金立铣刀、机夹可转位硬质合金立铣刀
2	空间曲面	X、Y、Z 方向粗铣→曲面 Z 方向分层粗铣→曲面半精铣→曲面精铣	整体高速钢或硬质合金立铣刀、球头铣刀、机夹可转位硬质合金立铣刀、球头铣刀
3	孔	定尺寸刀具加工	麻花钻、扩孔钻、铰刀、镗刀
		铣削	整体高速钢或硬质合金立铣刀 机夹可转位硬质合金立铣刀
4	外螺纹	螺纹铣刀铣削	螺纹铣刀
5	内螺纹	攻丝	丝锥
		螺纹铣刀铣削	螺纹铣刀

3.4.5 工件的装夹与定位

一、常用的工件装夹方法

铣削件在机床上的安装大多采用一面两销定位,直接在工件上找正,有夹具则在夹具上找正。

所谓找正,是指把千分表或百分表固定在机床床身某个位置,表针压在工件或夹具的定位基准面上,然后使机床工作台沿垂直于表针的方向移动,若调整工件或夹具位置的指针基本保持不动,则说明工件的定位基准面与机床该方向的导轨平行。

对加工内容多的零件应利用夹具采用一面两销的方式装夹,对夹具的基本要求是:

(1)夹紧机构或其他元件不能影响进给,加工部位要开敞。为保持工件在本工序中所有需要完成的待加工面充分暴露在外,夹具要尽可能开敞,因此要求夹持工件后夹具上一些组成件(如定位块、压块和螺栓等)不能与刀具运动轨迹发生干涉。

夹紧机构元件与加工面之间应保持一定的安全距离,同时要求夹紧机构元件能低则低,以防止夹具与机床主轴套筒或刀套、刀具在加工过程中发生碰撞。

(2)为保持零件安装方位与机床坐标系及编程坐标系方向的一致性,夹具应能保证在机床上实现定向安装,还要求能使零件定位面与机床之间保持一定的坐标联系。

(3)夹具的刚性和稳定性要好。夹紧力应尽量靠近主要支撑点,尽量不采用在加工过程中更换夹紧点的设计。

二、定位基准的选择

在确定工艺方案时,合理地选择定位基准对保证数控铣床加工精度,提高数控铣床加工效率有着决定性的意义。

在选择定位基准时,要考虑各工位的加工情况,尽量达到 3 个目的:

(1)所选基准能保证工件定位的准确性,迅速完成工件的定位与夹紧,装卸方便,夹具结构简单。

(2)所选的基准与各加工部位的各个尺寸运算简单,尽量减少尺寸链计算,避免或减少计算误差。

(3)保证各项加工精度。

在具体确定零件的定位基准时,要遵循以下原则:

(1)尽量选择零件上的设计基准作为定位基准。在制定零件加工方案时,首先要选择最佳的精加工基准进行加工。在粗加工过程中,要尽量把要求精加工的基准面加工出来,也就是说数控铣床上的定位基准应该前面的机床上加工完成,这样就能确保各个加工表面之间的精度。当某些表面需要多次装夹或多个机床加工时,选择相同的定位基准,不仅可以避免由于定位基准不重合而造成的定位误差,从而保证加工精度,而且还可以大大简化程序的编制。

(2)当在数控铣床上无法同时完成包括设计基准在内的工位加工时,尽量使定位基准与设计基准重合。同时还要考虑用该基准定位后,一次装夹就能够完成全部关键部位的精度要求。

(3)当在数控铣床上既要加工基准又要完成各工位的加工时,其定位基准的选择要考虑完成尽可能多地加工内容。另外,还要考虑便于各个表面被加工的定位方式,如对于箱体,最好采用一面两销的定位方式,以便刀具对其他表面的加工。

(4)当零件的定位基准与设计基准确实难以重合时,应认真分析零件图纸,确定该零件设计基准的设计功能,严格规定定位基准与设计基准间的公差范围,确保加工精度。

(5)工件坐标系的原点即"编程原点"与零件定位基准不一定必须重合,但两者之间要有确定的几何关系。对于尺寸精度要求较高的零件,确定定位基准的时候,要考虑坐标原点能否通过定位基准得到准确的测量数值,同时兼顾测量方法。

三、常用夹具种类

数控铣加工常用的夹具大致有下列几种:

(1)万能组合夹具。适合于小批量生产或研制时的中、小型工件在数控铣床上进行铣加工。

(2)专用铣切夹具。这是专门为某一项或类似的几项工件设计制造的夹具,在批量生产或研制的必要的时候采用这种夹具。

(3)多工位夹具。这种夹具的优点在与能同时装夹多个工件,可减少换刀次数;另外能实现边加工边装卸工件,大大缩短了生产准备时间,提高了生产效率,一般适宜于中批量生产。

（4）气动或液压夹具。此类夹具结构复杂，造价较高，制造周期较长，但是它能减轻劳动强度和提高生产效率，适用于生产批量较大、不宜采用其他夹具的工件。

（5）真空夹具。这类夹具适用于有较大定位平面或有较大可密封面积的工件。有的数控铣床带有通用真空平台，对于形状规则的矩形毛坯，在安装时可直接用特制的橡胶条（有一定尺寸要求的空心或实心圆形截面）嵌入夹具的密封槽内，再将毛坯放上，然后开动真空泵，这样就能将毛坯夹紧。对于形状不规则的毛坯，必须在其周围抹上橡皮泥密封，这样做不但很麻烦，而且占机时间长，生产效率低。为了克服这种困难，可以采用特制的过渡真空平台，将其叠在通用真空平台上使用，具体方法如下：

①根据工件的形状和尺寸确定过渡真空平台的大小，选用一块中等厚度（一般在 30～40mm 之间）的铝板或塑料板。

②在其周围加工出与通用真空平台上备用的螺栓孔相对应的通孔（一般位台阶孔），以便用螺栓将其固定在通用平台上。

③在过渡真空平台的上方铣出与被加工件外形轮廓大致相似的密封槽，一般比工件的轮廓形状小 5～10mm，在过渡平台的下方最好能铣出一些下陷，而且必须加工出几个上下连通的抽气孔，如图 3-6 所示。

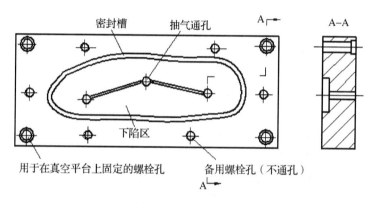

图 3-6　过渡真空平台

这种过渡真空平台造价低，实用效果很好，目前已被广泛采用。为保险起见，必须在其周围再准备一些螺栓、压板等机械式夹紧元件，必要时进行辅助夹紧。

除上述几种夹具外，数控铣加工中也经常采用虎钳、分度头和三抓卡盘等通用夹具。

四、零件的夹紧与安装

使用刚度较高的机床进行加工时，如果加工的工件及其夹具没有足够的刚性，就会出现自激振动或尺寸偏差，因此在考虑夹紧方案时必须注意工件的稳定性。不合理的夹具会在装夹过程中使刚性不好的工件发生变形。

在考虑夹紧方案时，加紧点应尽量靠近主要支承点，或在支承点错组成的三角内，并力求靠近切削部位以及刚性好的地方，最好不要在被加工孔的上方，同时要考虑各个夹压部位不与加工部位和所用刀具发生干涉。夹具必须保证最小的夹紧变形。在粗加工时，由于切削力比较大，所以夹紧力同样也比较大，但是夹紧力不能太大，否则有可能使工件变形。所以，谨慎选择夹具的支承点、定位点和夹紧点就显得尤其重要。

夹具在机床上的安装误差和工件在夹具中的定位、安装误差对加工精度将产生直接影响。即使程序零点和工件本身的基准点相符合，工件对机床坐标轴线上的角度也必须进行准确地调整。如果编程点不是工件本身，而是按着夹具的基准来测量，则在编制工艺文件时，根据零件的加工精度对装夹提出特殊要求。操作者在装夹工件时一定要将工件定位面的污秽擦干净，否则会造成不同程度的加工误差，并按工艺文件上的要求找正定位面，使其在一定的精度范围内。

3.4.6 加工刀具的选择

一、数控铣刀具的基本要求

（1）刚性好。由于数控铣床在加工过程中难以调整切削用量，且在加工过程中为了提高生产效率通常采用大的切削用量，所以铣刀的刚性必须满足一定的要求。例如，当工件各处的加工余量相差悬殊，通用铣床碰到此类情况可以采用分层铣削方法加以解决，但数控铣床必须按预先编制的程序走刀，不可能在加工过程中随时调节走刀路线，除非在编程时能预先考虑周到，否则铣刀只能返回原点，用改变切削面高度或加大刀具半径补偿值的方法从头开始加工。在通用机床上加工时，如果刀具刚性不强，加工过程中出现振动可以随时调整切削用量来解决，但是数控铣加工就很难办到，由此产生的因铣刀刚性差而断刀并造成损伤工件的事故经常发生，所以要充分重视数控铣刀的刚性问题。

（2）耐用度高。当一把铣刀加工的内容很多时，如果刀具不耐用，磨损很快，就会增加换刀和对刀次数，工件表面可能留下因对刀误差而形成的接刀台阶，这样就降低了工件的表面质量，且加工精度不能保证。

除上述两点之外，铣刀切削刃的几何角度参数的选择和排屑性能等也非常重要，切屑粘刀造成积屑瘤在数控铣加工中十分常见。总之，根据被加工工件材料的热处理状态、切削性能和加工余量，选择刚性好、耐用度高的铣刀，是充分发挥数控铣床生产效率的前提。

二、数控铣加工刀具的选择原则

选择刀具应根据机床的加工能力、工件材料的性能、加工工序、切削用量以及其他相关因素正确选用刀具及刀柄。刀具选择总的原则是：适用、安全、经济。

适用是要求所选择的刀具能达到加工的目的，完成材料的去除，并达到预定的加工精度。如粗加工时选择有足够大并有足够切削能力的刀具能快速去除材料，而在精加工时，为了能把结构形状全部加工出来，要使用较小的刀具，加工到每一个角落。另外，在切削低硬度材料时，可以使用高速钢刀具，而切削高硬度材料的时候，就必须要用硬质合金刀具。

安全指的是在有效去除材料的同时，不会产生刀具的碰撞、折断等。要保证刀具及刀柄不会与工件相碰撞或者挤擦，造成刀具或工件的损坏。如加长的直径很小的刀具切削硬质的材料时，很容易折断，选用时一定要慎重。

经济指的能以最小的成本完成加工。在同样可以完成加工的情形下，选择相对综合成本较低的方案，而不是选择最便宜的刀具。刀具的耐用度和精度与刀具价格关系极大，必须引起注意的是：在大多数情况下，选择好的刀具虽然增加了刀具成本，但由此带来的加工质量和加工效率的提高则可以使总体成本可能比通过使用普通刀具更低，产生更好的效益。如进行钢材切削时，选用高速钢刀具，其进给速度只能达到 100mm/min，而采用同样大小的硬质合金刀具，进给速度可以达到 500mm/min 以上，大幅缩短加工时间，虽然刀具价格较高，但总体成本反而更低。通常情况下，优先选择经济性良好的刀具。

选择刀具时还要考虑安装调整的方便程度、刚性、耐用度和精度。在满足加工要求的前提下，刀具的悬伸长度尽可能短，以提高刀具系统的刚性。

三、数控铣刀的发展趋势

当今机械加工领域正在向高效化、自动化迈进。不断涌现出的各种新材料的切削加工问题越来越突出，加上刀具市场的激烈竞争，这些都大大推进了国内外刀具方面的研究工作和制造技术的发展，主要趋势为：

（1）刀杆系统的模块化。模块化刀杆可以通过拼装组合，根据加工要求接长或缩短刀杆长度或改变刀杆直径，也可以根据所要装入的刀具尾柄接入不同锥孔号或内径的刀杆模块。由于制造技术的提高，各系列刀杆模块之间配合紧密、可靠，在刚性等方面不比整体式刀杆逊色，而且拆卸与组装也十分方便。模块化刀杆系统应变、应急能力强，总体投资少，大大降低了生产成本，缩短了生产准备周期。

（2）切削刃的镶嵌化。铣刀切削刃采用不重磨机夹刀片镶嵌在刀体上，刀片一般都采用硬质合金和陶瓷材料。系列化刀片具有不同厚度、切削刃角、类型及固定形式与断刀槽，形状有正方形、正三角形、菱形、平行四边形和圆形等，还可以根据要求制成各种形状。为了延长刀片的使用寿命，常采用可转位镶嵌式，当刀片一处磨损时，可以转位镶入，刀片形状为正几边形时就能转位几次，即使刀片报废时刀体仍可继续使用。与整体焊接式铣刀相比，优点在于可以降低生产成本，缩短生产准备周期。

（3）刀具表面镀层化。目前刀具镀层技术发展很快，目的是为了提高刀具的使用寿命和加工高硬度材料。对高速钢和硬质合金铣刀来说，有无镀层相差很大。当刀具的刀刃镀有氮化钛或氧化铝膜，允许的切削速度可提高位原来的 3 倍，刀具寿命可提高 2～5 倍。当镀有以上两种复合镀层时，刀具寿命可提高 5～9 倍，并且可以切削 HRC60 以上硬度的材料，可与陶瓷刀具相媲美。

四、铣刀的刀柄及其标准

切削刀具通过刀柄与数控铣床主轴连接，其强度、刚性、耐磨性、制造精度以及夹紧力等对加工有直接的影响，进行高速铣削的刀柄还有动平衡、减震等要求。数控铣床刀柄一般采用 7∶24 锥面与主轴锥孔配合定位，刀柄及其尾部供主轴内拉刀机构使用的拉钉已实现标准化，应根据使用的数控铣床的具体要求来配备。在满足加工要求的前提下，刀柄的长度尽量选择短一些，以提高刀具加工的刚性。

相同标准及规格的加工中心用的刀柄在数控铣床上也能通用，两者主要区别是加工中心有的刀柄有供换刀机械手夹持的环形槽，而数控铣床的刀柄则没有这种环形槽。

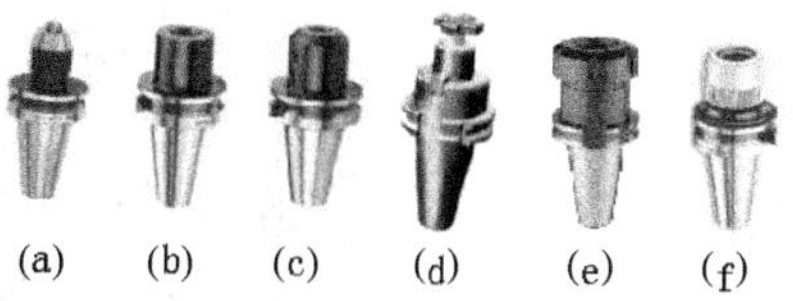

目前常用的刀柄按其夹持形式及用途可分为钻夹头刀柄、莫氏锥度刀柄、侧固式定锁刀柄、面铣刀刀柄、筒夹式刀柄、特殊刀柄等，各种刀柄的形状如图 3-7 所示。

（1）钻夹头刀柄。主要是用于夹持直径 13mm 以下的直柄钻头，或中心钻、铰刀等，而 13mm 以上的钻头或铰刀，则多使用莫氏锥度刀柄。

（2）侧固式刀柄。也称削平型直柄刀柄，因特别适合将圆刀柄削出一部分平直部分来以螺丝压紧而得名。这种刀柄具有结构简单，夹持力强的特点，但因为使用单面的螺丝来压

（a）　（b）　（c）　（d）　（e）　（f）

图 3-7　常用各种形式的刀柄

紧,造成同心度稍差。可夹持单一直径的直柄刀具进行铣削加工,适用数控机床的粗加工。

(3)端面铣刀刀柄。以刀柄端部的锥度部分与铣刀的锥孔进行配合,通常用于较大直径的面铣刀,因其刀柄短、扭矩大,所以适用于较高速度的平面切削。

(4)莫氏孔刀柄。这种刀柄可与莫氏圆锥柄类刀具配合进行钻、铰切削加工。通常还可分为带扁尾莫氏圆锥孔刀柄和不带扁尾莫氏圆锥孔刀柄。

(5)弹簧夹头刀柄。刀柄具有精度高,夹持适应性好的特点,配不同系列的双锥型式的弹性夹套,可夹持各类直柄刀具进行铣、铰、切削加工。夹持范围从小到大,具有连续性,单件弹簧夹头夹持变量为1mm,具有广泛的使用性能。弹簧夹头刀柄通常用来夹持端铣刀或直柄钻头。也可再夹持一支筒夹加长杆以将刀具加长,避免干涉。

(6)强力夹头刀柄。它与弹簧夹头刀柄基本相似,但是它使用一种直筒筒夹,有更大夹紧力。其主要特点是精度高,夹持力矩大,稳定性强,连接系统范围广,是进行强力切削的较为理想的工具,但是它的价格及其筒夹的价格相对较高。

(7)特殊形式刀柄。如攻螺孔,需要考虑使用良好的丝攻浮动刀柄,尤其是加工盲孔时,刀柄必须要有轴向浮动,否则丝攻容易因为机器的主轴前进速度太快,而导致丝攻折断。另外还有角度头刀柄、多轴钻刀柄、增速刀柄等。对于一些较大量生产的工件,可以订制一些特殊的专用刀柄,以提高效率。

五、铣刀的种类和结构

铣刀种类繁多,按用途分类,铣刀大致可分为以下几种:

1. 圆柱铣刀

圆柱铣刀主要用于卧式铣床加工平面。

圆柱铣刀一般为整体式,如图3-8、图3-9所示。该铣刀材料为高速钢,主切削刃分布在圆柱上,无副切削刃。该铣刀有粗齿和细齿之分。粗齿铣刀,齿数少,刀齿强度大,容屑空间大,重磨次数多,适用于粗加工;细齿铣刀,齿数多,工作较平稳,适用于精加工。圆柱铣刀直径范围 $d=50\sim100$mm,齿数 $Z=6\sim14$ 个,螺旋角 $\beta=30°\sim45°$。当螺旋角 $\beta=0°$ 时,螺旋刀齿变为直刀齿,目前生产上应用较少。

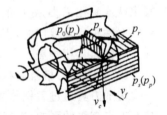

图 3-8 圆柱铣刀参考面

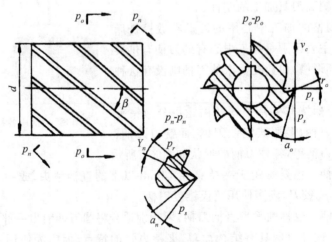

图 3-9 圆柱铣刀的几何角度

2.面铣刀

面铣刀主要用于立式铣床上加工平面、台阶面等。

面铣刀的主切削刃分布在铣刀的圆柱面上或圆锥面上,副切削刃分布在铣刀的端面上。面铣刀按结构可以分为整体式面铣刀、硬质合金整体焊接式面铣刀、硬质合金机夹焊接式面铣刀、硬质合金可转位式面铣刀等。

(1)整体式面铣刀

如图 3-10 所示,由于该铣刀的材料为高速钢,所以其切削速度、进给量等都受到限制,从而阻碍了生产效率的提高。而且该铣刀的刀齿损坏后,很难修复,所以整体式面铣刀应用较少。

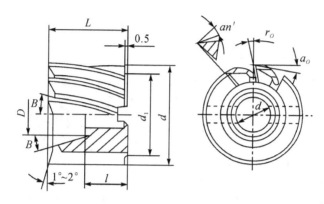

图 3-10　整体式面铣刀

(2)硬质合金整体焊接式面铣刀

如图 3-11 所示,该铣刀是由硬质合金刀片与合金钢刀体经焊接而成,其结构紧凑,切削效率高,制造较方便。但刀齿损坏后很难修复,所以该铣刀应用不多。

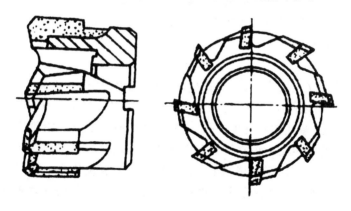

图 3-11　整体焊接式面铣刀

(3)硬质合金机夹焊接式面铣刀

如图 3-12 所示,该铣刀是将硬质合金刀片焊接在小刀头上,再采用机械夹固的方法将小刀头装夹在刀体槽中,其切削效率高。刀头损坏后,只要更换新刀头即可,延长了刀体的使用寿命。因此,该铣刀应用比较广泛。

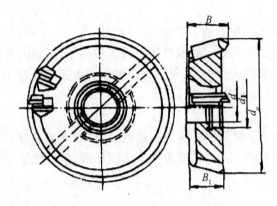

图 3-12 硬质合金机夹焊接式面铣刀

(4)硬质合金可转位式面铣刀

该铣刀是将硬质合金可转位刀片直接装夹在刀体槽中,切削刃用钝后,将刀片转位或更换新刀片即可继续使用。

装夹转位刀片的机构形式有多种,图 3-13 所示的是上压式中的压板螺钉装夹机构。该机构刀片采用六点定位方法,即除了刀片底面由刀垫(图 3-13 中未示出)支承而限制三个自由

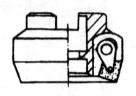
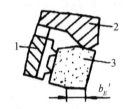

1-刀垫 2-轴向支承块 3-可转位刀片

图 3-13 硬质合金可转为面铣刀

度外,其径向和轴向的三个自由度则分别由刀垫 1 上的两个支承点和轴向支承块 2 上的一个支承点限制,从而控制了切削刃的径向和端面跳动量,使该刀片的重复定位精度达0.02～0.04mm。该机构采用螺钉压板夹固刀片,螺钉的夹紧力大且夹紧可靠。

硬质合金可转位式铣刀具有加工质量稳定、切削效率高、刀具寿命长、刀片调整、更换方便、刀片重复定位精度高等特点,适合于数控铣床或加工中心上使用。该铣刀是目前生产上应用最广泛的刀具之一。

3. 立铣刀

立铣刀主要用于立式铣床上加工凹槽、台阶面、成形面(利用靠模)等。

图 3-14 所示为高速钢立铣刀。该立铣刀的主切削刃分布在铣刀的圆柱面上,副切削刃分布在铣刀的端面上,端面中心有顶尖孔。因此,铣削时一般不能沿铣刀轴向作进给运动,只能沿铣刀径向作进给运动。该立铣刀有粗齿和细齿之分,粗齿齿数 3～6 个,适用于粗加工;细齿齿数 5～10 个,适用于半精加工。该立铣刀的直径范围是 $\phi2～\phi80$mm。柄部有直柄、莫氏锥柄、7：24 锥柄等多种形式。此种立铣刀应用较广,但切削效率较低。

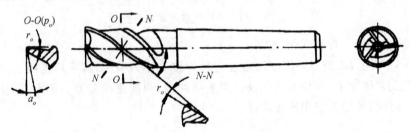

图 3-14 高速钢立铣刀

图 3-15 所示为硬质合金可转位式立铣刀,其基本结构与高速钢立铣刀相差不多,但切削效率大大提高,是高速钢立铣刀的 2～4 倍,且适合于数控铣床、加工中心上的切削加工。

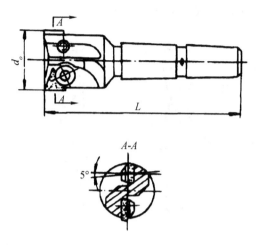

图 3-15　可转位立铣刀

4. 键槽铣刀

键槽铣刀主要用于立式铣床上加工圆头封闭键槽等,如图 3-16 所示。

该铣刀外形似立铣刀,端面无顶尖孔,端面刀齿从外圆开至轴心且螺旋角较小,增强了端面刀齿强度。端面刀齿上的切削刃为主切削刃,圆柱面上的切削刃为副切削刃。加工键槽时,每次先沿铣刀轴向进给较小的量,然后再沿径向进给,这样反复多次就可完成键槽的加工。由于该铣刀的磨损是在端面和靠近端面的外圆部分,所以修磨时只要修磨端面切削刃,这样铣刀直径可保持不变,使加工键槽精度较高,铣刀寿命较长。

键槽铣刀的直径范围 $\phi 2～\phi 63$mm,柄部有直柄和莫氏锥柄。

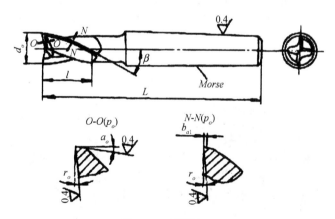

图 3-16　键槽铣刀

5. 三面刃铣刀

三面刃铣刀主要用于卧式铣床上加工槽、台阶面等。

三面刃铣刀的主切削刃分布在铣刀的圆柱面上,副切削刃分布在两端面上。该铣刀按刀齿结构可分为直齿、错齿和镶齿三种形式。

（1）直齿三面刃铣刀

如图 3-17 所示，该铣刀结构简单，制造方便，但副切削刃前角为 $0°$，切削条件较差。该铣刀直径范围 $d_0 = 50 \sim 200\text{mm}$，宽度 $B = 4 \sim 40\text{mm}$。

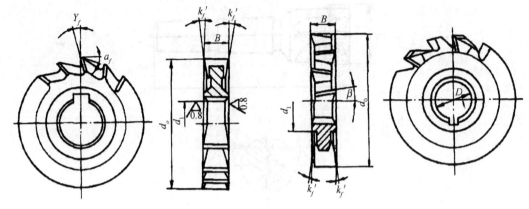

图 3-17 直齿三面刃铣刀   图 3-18 错齿三面刃铣刀

（2）错齿三面刃铣刀

如图 3-18 所示，该铣刀每齿有螺旋角并左右相互交错，每齿只在一端面上有副切削刃，副切削刃前角由螺旋角 β 形成。与直齿三面刃铣刀相比，该铣刀切削平稳、轻快、排屑容易，生产上应用广泛。

（3）镶齿三面刃铣刀

如图 3-19 所示，该铣刀的刀齿分布、作用和效果与错齿三面刃铣刀相同，不同的是刀齿用高速钢材料做成背面带有齿纹的楔形刀片，并把刀片镶入用优质结构钢材做成刀体的带有齿纹的刀槽内，这样一方面节约了大量高速钢等优良材料，另一方面当铣刀经多次重复后宽度变小时，只要将同向刀片取出，错动一个齿纹，再依次装入同向齿槽内，铣刀宽度就增大了，从而提高了刀具寿命。镶齿三面刃铣刀的直径范围 $d_0 = 80 \sim 315\text{mm}$，宽度 $B = 12 \sim 40\text{mm}$。

除了高速钢三面刃铣刀外，还有硬质合金焊接三面刃铣刀、硬质合金机夹三面刃铣刀等。

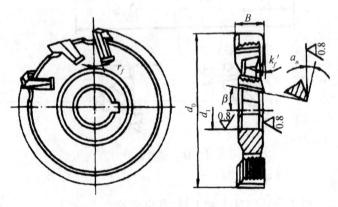

图 3-19 镶齿三面刃铣刀

6.角度铣刀

角度铣刀主要用于卧式铣床上加工各种角度槽、斜面等。

角度铣刀的材料一般是高速钢。角度铣刀根据本身外形不同,可分为单刃铣刀、不对称双角铣刀和对称双角铣刀三种。

(1)单角铣刀。如图 3-20 所示,圆锥面上切削刃是主切削刃,端面上的切削刃是副切削刃。该铣刀直径范围 $d=40\sim100\text{mm}$,角度范围 $\theta=18°\sim90°$。

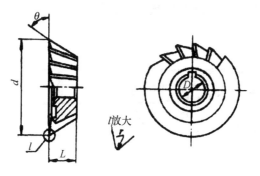

图 3-20　单角铣刀

(2)不对称双角铣刀。如图 3-21 所示,两圆锥面上切削刃是主切削刃,无副切削刃。该铣刀直径范围 $d=40\sim100\text{mm}$,角度范围 $\theta=50°\sim100°$,$\delta=15°\sim25°$。

(3)对称双角铣刀。如图 3-22 所示,两圆锥面上的切削刃是主切削刃,无副切削刃。该铣刀直径范围 $d=50\sim100\text{mm}$,角度范围 $\theta=50°\sim100°$。

角度铣刀的刀齿强度较小,铣削时应选择恰当的切削用量,防止振动、崩刃。

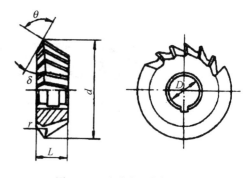

图 3-21　不对称双角铣刀

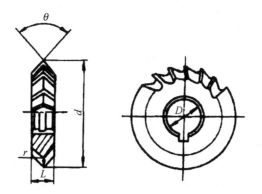

图 3-22　对称双角铣刀

7.模具铣刀

模具铣刀主要用于立式铣床上加工模具型腔、三维成形表面等。模具铣刀按工作部分形状不同,可分为圆柱形球头铣刀、圆锥形球头铣刀和圆锥形立铣刀三种形式。

圆柱形球头铣刀如图 3-23 所示,圆锥形球头铣刀如图 3-24 所示。在该两种铣刀的圆柱面、圆锥面和球面上的切削刃均为主切削刃,铣削时不仅能沿铣刀轴向作进给运动,也能沿铣刀径向作进给运动,而且球头与工件接触往往为一点,这样,该铣刀在数控铣床的控制下,就能加工出各种复杂的成形表面,所以该铣刀用途独特,很有发展前途。

圆锥形立铣刀如图 3-25 所示,圆锥形立铣刀的作用与立铣刀基本相同,只是该铣刀可以利用本身的圆锥体方便地加工出模具型腔的出模角。

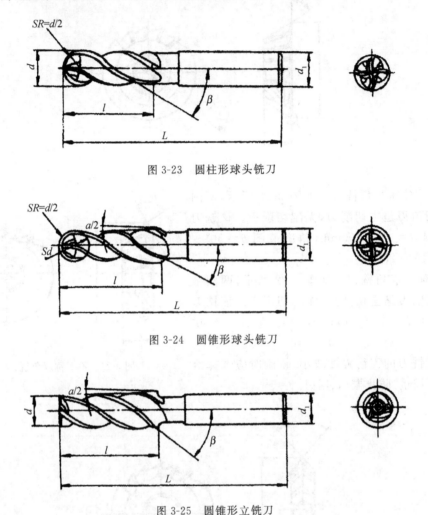

图 3-23 圆柱形球头铣刀

图 3-24 圆锥形球头铣刀

图 3-25 圆锥形立铣刀

六、常用铣刀的刀具运动方式

在数控铣加工中,常用的铣刀有立铣刀和球头铣刀两种。立铣刀主要用于加工平面轮廓,球头铣刀主要用于加工曲面轮廓。立铣刀加工平面轮廓的运动方式比较简单,一般是沿零件轮廓作等距线顺时针或逆时针运动;球头铣刀加工曲面的运动方式比较多样,一般是三坐标联动,可根据刀具性能和曲面特点来选择和设计。球头铣刀加工部位及运动方式参见表 3-2。

表 3-2　球头铣刀加工部位及运动方式

序号	加工部位	刀具运动特点	序号	加工部位	刀具运动特点
1	直槽或圆弧槽	直线运动	7	凸形曲面	三坐标联动
2	较深槽或台阶	往复直线运动	8	凹凸曲面粗加工	三坐标联动
3	斜面	空间曲线运动	9	凹凸曲面精加工	三坐标联动
4	型腔粗加工	钻式铣削	10	倒外圆角及铣削型腔	二、三坐标联动
5	台阶面	上行、下行运动	11	圆槽或型腔	圆弧插补、垂直下刀
6	倒圆角	直线运动	12	圆槽或型腔	螺旋运动

在进行曲面加工时,由于球头铣刀中心切削速度为零,所以要尽可能利用圆弧刃铣削,尽量避免用球头刀铣削较为平坦的曲面。由于立铣刀在切削状态和切削效率方面都要优于球头铣刀,因此在不产生过切的前提下,曲面的粗加工应优先选择立铣刀,精加工时再使用球头铣刀。

3.4.7　切削用量的确定

一、铣削用量考虑的因素

合理选择切削用量对于发挥数控机床的最佳效益有着至关重要的影响。选择切削用量的原则是:粗加工时一般以提高生产率为主,但也应考虑经济性和加工成本,半精加工和精加工时,应在保证加工质量的前提下,兼顾切削效率、经济性和加工成本。具体数值应根据机床说明书、刀具说明书、切削用量手册并结合经验而定,通常考虑如下因素:

(1)刀具差异。不同厂家生产的刀具质量相差较大,因此切削用量须根据实际所用的刀具和现场经验加以调整。

(2)机床特性。切削用量受机床电动机的功率和机床刚性的限制,必须在机床说明书规定的范围内选取。避免因功率不够造成闷车以及刚性不足而产生较大的机床变形或振动,影响加工精度和表面粗糙度。

(3)数控机床生产率。数控机床的工时费用较高,刀具损耗费用所占比重较低,应尽量用高的切削用量,通过适当降低刀具寿命来提高数控机床的生产率。

二、铣削用量的选择方法

切削深度 t 也称背吃刀量。在机床、工件和刀具刚度允许的情况下,t 等于加工余量,这是提高生产率的一个有效措施。为了保证零件的加工精度和表面粗糙度,一般应留一定的余量进行精加工。

在编程软件中切削宽度 L 称为步距,一般切削宽度 L 与刀具直径 D 成正比,与切削深度成反比。在粗加工中,步距取得大点有利于提高加工效率。在使用平底刀进行切削时,一般 L 的取值范围为:$L=(0.6\sim0.9)D$。使用圆鼻刀进行加工,刀具直径应扣除刀尖的圆角部分,即 $d=D-2r$(D 为刀具直径,r 为刀尖圆角半径),而 L 可以取 $(0.8\sim0.9)d$。而在使用球头刀进行精加工时,步距的确定应首先考虑所能达到精度和表面粗糙度。

V_c 也称单齿切削量,单位为 m/min。提高 V_c 值也是提高生产率的一个有效措施,但

V_c 与刀具耐用度的关系比较密切。随着 V_c 的增大，刀具耐用度急剧下降，故 V_c 的选择主要取决于刀具耐用度。一般好的刀具供应商都会在其手册或者刀具说明中提供刀具的切削速度推荐参数 V_c。另外，切削速度 V_c 值还要根据工件的材料硬度来做适当的调整，表 3-3 所列是某品牌刀具对于工件材料的硬度值与标准值之间修正系数。例如用立铣刀铣削合金钢 30CrNi2MoVA 时，V_c 可采用 8m/min 左右，而用同样的立铣刀铣削铝合金时，V_c 可选 200m/min 以上。

表 3-3　某刀具的切削线速度与硬度变化修正系数

材料	硬度 HB	减少的硬度值				增加的硬度值				
		−60	−40	−20	0	+20	+40	+60	+80	+100
钢材	180	1.44	1.25	1.11	1	0.91	0.84	0.77	0.72	0.67

主轴转速 n 单位是 r/min，一般根据切削速度 V_c 来选定。计算公式为：

$$n = V_c \times 1000/(\pi \times D_c)$$

式中，D_c 为刀具直径（mm）。

在使用球头刀时要做一些调整，球头铣刀的计算直径 D_{eff} 要小于铣刀直径 D_c，故其实际转速不应按铣刀直径 D_c 计算，而应按计算直径 D_{eff} 计算：

$$D_{eff} = (D_c^2 - (D_c - 2 \times ap)^2) \times 0.5$$

D_c 为铣刀直径，ap 为切削深度，因此使用球形刀时转速为：

$$n = V_c \times 1000/(\pi \times D_{eff})$$

数控机床的控制面板上一般备有主轴转速修调（倍率）开关，可在加工过程中根据实际加工情况对主轴转速进行调整。

进给速度 V_f 是指机床工作台在作插位时的进给速度，V_f 的单位为 mm/min。V_f 应根据零件的加工精度和表面粗糙度要求以及刀具和工件材料来选择。V_f 的增大也可以提高生产效率，但是刀具的耐用度也会降低。加工表面粗糙度要求低时，V_f 可选择得大些。进给速度可以按下述公式进行计算：

$$V_f = n \times z \times f_z$$

式中，V_f 表示工作台进给量，单位为 mm/min；

　　n 表示主轴转速，单位为 r/min；

　　z 表示刀具齿数，单位为齿；

　　f_z 表示进给量，单位为 mm/齿，f_z 值由刀具供应商提供。

在数控编程中，还应考虑在不同情形下选择不同的进给速度。如在初始切削进刀时，特别是 Z 轴下刀时，因为进行端铣，受力较大，所以应以相对较慢的速度进给。

另外在 Z 轴方向进给的，由高往低走产生端切削，可以设置不同的进给速度。在切削过程中的平面侧向进刀，可能产生全刀切削，即刀具的周边都要切削，切削条件相对较恶劣，可设置较低的进给速度。

在加工过程中，V_f 也可通过机床控制面板上的修调开关进行人工调整，但是最大进给速度要受到设备刚度和进给系统性能等的限制。

在实际的加工过程中，可对各个切削用量参数进行调整，如使用较高的进给速度进行加工,虽然刀具的寿命有所降低,但节省了加工时间,反而能有更好的效益。

对于加工中不断产生的变化,数控加工中的切削用量选择在很大程度上依赖于编程人员的经验,因此编程人员必须熟悉刀具的使用和切削用量的确定原则,不断积累经验,从而保证零件的加工质量和效率,充分发挥数控机床的优点,提高企业的经济效益和生产水平。

3.4.8 对刀点和换刀点的选择

一、对刀点的选择

在加工时,工件可以在机床加工尺寸范围内任意安装,要正确执行加工程序,必须确定工件在机床坐标系的确切位置。对刀点是工件在机床上定位装夹后,设置在工件坐标系中,用于确定工件坐标系与机床坐标系空间位置关系的参考点。选择对刀点时要考虑到找正容易、编程方便、对刀误差小,加工时检查方便、可靠。

对刀点的设置没有严格规定,可以设置在工件上,也可以设置在夹具上,但在编程坐标系中必须有确定的位置,如图 3-26 中的 X_1 和 Y_1。对刀点既可以与编程原点重合,也可以不重合,主要取决于加工精度和对刀的方便性。当对刀点与编程原点重合时,$X_1=0$,$Y_1=0$。

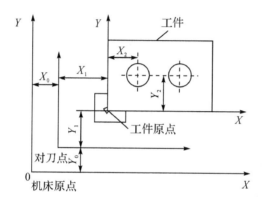

图 3-26 对刀点的设置

对刀点要尽可能选择在零件的设计基准或者工艺基准上,这样就能保证零件的精度要求。例如,零件上孔的中心点或两条相互垂直的轮廓边的交点可以作为对刀点,有时零件上没有合适的部位,可以加工出工艺孔来对刀。

确定对刀点在机床坐标系中的位置的操作称为对刀。对刀是数控机床操作中非常关键的一项工作,对刀的准确程度将直接影响零件加工的位置精度。生产中常用的对刀工具有百分表、中心规和寻边器等,对刀操作一定要仔细,对刀方法一定要与零件的加工精度相适应。无论采用哪种工具,都应使数控铣床主轴中心与对刀点重合,确定工件坐标系在机床坐标系中的位置。

二、换刀点的选择

对加工中心,不管是有机械手换刀,还是无机械手换刀,其换刀点的 Z 向坐标是固定的。在自动换刀时,要考虑换刀时刀具的交换空间,不应与工件或夹具相撞。为防止掉刀等意外情况,应使工件不在刀具交换空间之中,以防止万一掉刀时砸伤工件。

由于数控铣床采用手动换刀,换刀时操作人员的主动性较高,换刀点只要设置在零件外面,不发生换刀阻碍即可。

3.4.9 加工工艺文件的编写

当前数控加工工序卡片、数控加工刀具卡片及数控加工走刀路线图还没有统一的标准格式,都是由各个单位结合具体的情况自行确定。

一、数控加工工序卡片

这种卡片是编制数控加工程序的主要依据和操作人员配合数控程序进行数控加工的主要指导性文件。主要包括:工步顺序、工步内容、各工步所用刀具及切削用量等。当工序加工内容十分复杂时,也可把工序简图画在工序卡片上,如表 3-4 所示。

表 3-4 数控加工工艺卡片

单位名称		产品名称或代号		零件名称		零件图号	
工序号	程序编号	夹具名称		使用设备		车间	
001						数控中心	
工步号	工步内容	刀具号	刀具规格 mm	主轴转速 r/min	进给速度 mm/min	背吃刀量 mm	备注
1							
2							
编 制		审核	批准		年 月 日	共 页	第 页

二、数控加工刀具卡片

刀具卡片是组装刀具和调整刀具的依据。内容包括刀具号、刀具名称、刀柄型号、刀具直径和长度等,如表 3-5 所示。

表 3-5 数控加工刀具卡片

产品名称或代号			零件名称			零件图号	
序号	刀具号	刀具			加工表面	备注	
		规格名称	数量	刀具长/mm			
1	T01						
2	T02						
3	T03						
编制		审核	批准		年 月 日	共 页	第 页

三、数控加工走刀路线图

主要反映加工过程中刀具的运动轨迹,其作用一方面是方便编程人员编程;另一方面,是帮助操作人员了解刀具的走刀路线(轨迹),以便确定夹紧位置和夹紧元件的高度。

3.4.10　顺铣与逆铣

铣刀旋转方向与工件进给方向相同,称为顺铣,如图 3-27(a)所示。铣刀旋转方向与工件进给方向相反,称为逆铣,如图 3-27(b)所示。逆铣时,切削由薄变厚,刀齿从已加工表面切入,对铣刀的使用有利,但当铣刀刀齿接触工件后不能马上切入金属层,而是在工件表面滑动一小段距离。在滑动过程中,由于强烈的摩擦,就会产生大量的热量,同时在待加工表面易形成硬化层,降低了刀具的耐用度,影响工件表面光洁度,给切削带来不利。顺铣时,刀齿开始和工件接触时切削厚度最大,且从表面硬质层开始切入,刀齿受很大的冲击负荷,铣刀变钝较快,但刀齿切入过程中没有滑移现象。顺铣的功率消耗要比逆铣时小,在同等切削条件下,顺铣功率消耗要低 5%～15%,同时顺铣也更加有利于排屑。一般应尽量采用顺铣法加工,以提高被加工零件表面的光洁度(降低粗糙度),保证尺寸精度。但是在切削面上有硬质层、积渣、工件表面凹凸不平较显著时(如加工锻造毛坯)应采用逆铣法。

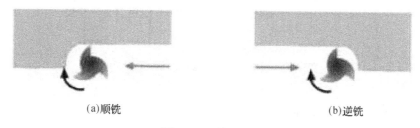

(a)顺铣　　　　　　　　　　　　　　(b)逆铣

图 3-27　顺铣/逆铣

3.4.11　冷却液开关

在切削加工中加注冷却液,对降低切削温度、断屑与排屑起到了很好的作用,但也存在着许多弊端。例如,维持一个大型的冷却液系统需花费很多资金,需要定期添加防腐剂、更换冷却液等,花去许多辅助时间。加之由于冷却液中的有害物质会对工人的健康造成危害,也使冷却液使用受到限制。为解决这些问题,干式切削应运而生。干切削加工就是要在没有切削液的条件下创造具有与湿切相同或相近的切削条件。用于干切削的刀具须合理选择材料及涂层,设计合理的刀具几何参数。大部分可转换刀具均可使用干切削。冷却液开关在数控编程软件中可以自动设定,对自动换刀的数控加工中心,可以按需要开启冷却液。对于一般的数控铣或者使用人工换刀进行加工的,应该关闭冷却液开关。因为通常在程序初始阶段,程序错误或者校调错误等会暴露出来,加工有一定的危险性,需要机床操作人员仔细观察以确保安全,同时保持机床及周边环境整洁。机床操作人员应在确认程序没错误、可以正常加工后,才打开机床控制面板上的冷却液开关。

3.5　数控铣工艺分析实例

平面槽形凸轮(图 3-28)其外部轮廓尺寸已经由前道工序加工完,本工序的任务是在铣

床上加工槽与孔。零件材料为 HT200,其数控铣床加工工艺分析如下:

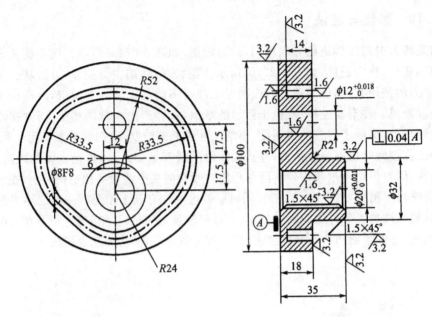

图 3-28 平面槽形凸轮

3.5.1 零件图工艺分析

凸轮槽形内、外轮廓由直线和圆弧组成,凸轮槽侧面与两个内孔表面粗糙度值要求较小,凸轮槽内外轮廓面和孔与底面有垂直度要求。零件材料为 HT200,切削加工性能较好。

根据上述分析,凸轮槽内、外轮廓及两个孔的加工应分粗、精加工两个阶段进行,以保证表面粗糙度要求。同时以底面 A 定位,提高装夹刚度以满足垂直度要求。

3.5.2 确定装夹方案

根据零件的结构特点,加工两个孔时,以底面 A 定位(必要时可设工艺孔),采用螺旋压板机构夹紧。加工凸轮槽内外轮廓时,采用"一面两孔"方式定位,即以底面 A 和两个孔为定位基准,装夹示意如图 3-29 所示。

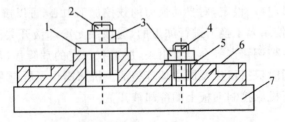

1-开口垫圈 2-带螺纹圆柱销 3-压紧螺母 4-带螺纹削边销 5-垫圈 6-工件 7-垫块

图 3-29 凸轮槽加工装夹示意

3.5.3　确定加工顺序及走刀路线

加工顺序的拟定按照基面先行、先粗后精的原则确定。因此应先加工用作定位基准的两个孔，然后加工凸轮槽内外轮廓表面。为保证加工精度，粗、精加工应分开，其中两个孔的加工采用钻－粗铰－精铰方案。走刀路线包括平面进给和深度进给两部分。平面进给时，外凸轮廓从切线方向切入，内凹轮廓从过渡圆弧切入。为使凸轮槽表面具有较好的表面质量，采用顺铣方式铣削。深度进给有两种方法：一种是在 XOZ 平面（或 YOZ 平面）来回铣削逐渐进刀到既定深度；另一种方法是先打一个工艺孔，然后从工艺孔进刀到既定深度。

3.5.4　刀具的选择

铣削凸轮槽内、外轮廓时，铣刀直径受到槽宽（8mm）的限制，取为 6mm。粗加工选用 6mm 高速钢立铣刀，精加工选用 6mm 硬质合金立铣刀，所选刀具如表 3-6 所示。

表 3-6　平面槽形凸轮数控加工刀具卡片

单位名称	××××	产品名称或代号		零件名称		零件图号	
		××××		平面槽形凸轮		0020	
工序号	程序编号	夹具名称		使用设备		车间	
001	××××	螺旋压板		XK5034		数控中心	
工步号	工步内容	刀具号	刀具规格 mm	主轴转速 r/min	进给速度 mm/min	背吃刀量 mm	备注
1	A 面定位钻 φ5 中心孔 2 处	T01	φ5	800			手动
2	钻 φ19.6 孔	T02	φ19.6	400	50		自动
3	钻 φ11.6 孔	T03	φ11.6	400	50		自动
4	铰 φ20 孔	T04	φ20	150	30	0.2	自动
5	铰 φ12 孔	T05	φ12	150	30	0.2	自动
6	φ20 孔倒角 1.5×45°	T06	90°	400	30		手动
7	两孔定位,粗铣 凸轮槽内轮廓	T07	φ6	1200	50	4	自动
8	粗铣凸轮槽外轮廓	T07	φ6	1200	50	4	自动
9	精铣凸轮槽内轮廓	T08	φ6	1500	30	14	自动
10	精铣凸轮槽外轮廓	T08	φ6	1500	30	14	自动
11	翻面装夹,铣 φ20 孔 另一侧倒角 1.5×45°	T06	90°	400	30		手动
编制		审核		批准		年　月　日	共　页　　第　页

3.5.5 切削用量的选择

凸轮槽内、外轮廓精加工时留 0.1mm 余量，精铰两个孔时留 0.1mm 余量。选择主轴转速与进给速度时，先查切削用量手册，确定切削速度与每齿进给量，然后计算主轴转速与进给速度。

3.5.6 填写数控加工工序卡

将各个工步的加工内容、所用刀具和切削用量填入工序卡片，如表 3-7 所示。

表 3-7 平面槽形凸轮数控加工工序卡片

单位名称	××××	产品名称或代号		零件名称		零件图号
		××××		平面槽形凸轮		0020
工序号	程序编号	夹具名称		使用设备		车间
001	××××	螺旋压板		XK5034		数控中心
工步号	工步内容	刀具号	刀具规格 mm	主轴转速 r/min	进给速度 mm/min	背吃刀量 mm	备注
1	A面定位钻 $\phi5$ 中心孔 2 处	T01	$\phi5$	800			手动
2	钻 $\phi19.6$ 孔	T02	$\phi19.6$	400	50		自动
3	钻 $\phi11.6$ 孔	T03	$\phi11.6$	400	50		自动
4	铰 $\phi20$ 孔	T04	$\phi20$	150	30	0.2	自动
5	铰 $\phi12$ 孔	T05	$\phi12$	150	30	0.2	自动
6	$\phi20$ 孔倒角 $1.5\times45°$	T06	90°	400	30		手动
7	两孔定位,粗铣凸轮槽内轮廓	T07	$\phi6$	1200	50	4	自动
8	粗铣凸轮槽外轮廓	T07	$\phi6$	1200	50	4	自动
9	精铣凸轮槽内轮廓	T08	$\phi6$	1500	30	14	自动
10	精铣凸轮槽外轮廓	T08	$\phi6$	1500	30	14	自动
11	翻面装夹,铣 $\phi20$ 孔另一侧倒角 $1.5\times45°$	T06	90°	400	30		手动
编制		审核		批准		年 月 日	共页 第 页

第 4 章　数控加工中心操作

　　本书在第二章第六节已经介绍了数控铣床和数控加工中心。数控铣床和数控加工中心在机床本体机械结构、控制系统、伺服系统等方面基本相似，没有本质的区别。但是加工中心是集铣削、钻削、镗削、攻螺纹和切削螺纹等功能于一体的数控加工设备，因此加工中心设置有刀库，刀库中存放着能执行上述功能的刀具或检具，并且在加工过程中根据预先编制的程序，加工中心通过机械换刀手能在极短的时间内实现刀具的更换，从而保证了加工过程的连续性，提高了机床的生产效率。

　　由于数控铣床和数控加工中心的主要区别在于刀库，所以数控加工中心的操作步骤中除了刀具的选择、自动更换之外，其余步骤也完全适用于数控铣床。如果操作者能熟练操作加工中心，必定能操作数控铣床，反之则不然。本章和第五章通过对 KF1500 立式加工中心的操作步骤和功能汇总的介绍，使读者能了解和掌握数控机床的操作方法和零件加工过程。

4.1　数控加工中心操作流程

　　数控加工中心操作流程如图 4-1 所示。

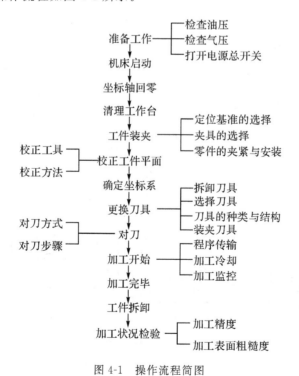

图 4-1　操作流程简图

在数控铣床操作时应注意以下事项：

(1)每次开机前要检查一下铣床后面中央自动润滑系统。检查油箱中的润滑油是否充裕,冷却液是否充足等。

(2)在手动操作时,必须时刻注意,在进行 X、Y 轴移动前,必须使 Z 轴处于抬刀位置。移动过程中,不能只看 CRT 屏幕中坐标值的变化,而要观察刀具的实际移动情况,等刀具移动到位后,再看 CRT 屏幕进行微调。

(3)铣床出现报警时,要根据报警号查找原因,及时解除报警。不可关机了事,否则开机后仍将处于报警状态。

(4)更换刀具时注意操作安全。在更换刀具时,要把刀具柄擦干净后,才能装入弹性筒夹。

(5)注意对数控铣床的日常维护。每次加工零件完毕,要把工作台面上的切屑清理干净;下班前要把数控铣床的外部擦干净;根据维护要求,定期对润滑脂润滑的轴承、升降工作台的传动部分加注润滑脂;定期对润滑升降工作台导轨的油杯加注润滑油等。

4.2 机床面板及功能

4.2.1 CNC 系统控制面板

KF1500 立式加工中心 CNC 系统控制面板由一个显示器(CRT)和各类控制键组成,其结构如图 4-2 所示。

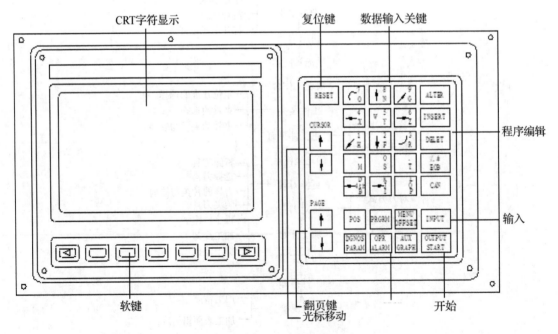

图 4-2 CNC 系统控制面板

一、显示屏

显示屏可显示刀具实际位置、加工程序、坐标系、刀具参数、机床参数、报警信息等,显示屏显示的内容随不同的主功能、子功能状态而异。

二、各类控制键

各类控制键的功能如表 4-1 所示。

表 4-1　KF1500 立式加工中心 CNC 面板控制键功能

号码	名称	功　　能
1	电源 ON/OFF 键	此键使 NC 电源开或关。
2	重新设定键 RESET	按此键来重新设定 NC,取消警示等。
3	启动键 START	按此键来启动 MDI 指令或执行自动操作循环。
4	软体键	软体键具有各种不同之功能,各软体键功能会显示在 CRT 屏幕的下端。
5	功能软体键	当按下功能软体键后,CRT 屏幕上会出现另外的功能。
6	操作软体键	当按下操作软体键后,软体键会转换至可能的操作选择键。
7	位址键与数位键	按这些键来输入字母、数字及其他文字。
8	转移键 SHIFT	一些位址键的上面有两个字母,先按转移键,再按位址键,那么右下方的字母就被输入。
9	输入键 INPUT	当按下一位址键或数字键,那么此字母或数字就输入缓冲器内,而且显示在 CRT 上。本键与软键的 INPUT 键相同,所以按任何一个结果都相同。
10	取消键 CAN	按此键可消除在缓冲器中最后一个字母或数字。
11	指标转移键	两种指标转移键说明如下: →:此键是用来使指标作正方向、短距离的移动; ←:此键是用来使指标作逆方向、短距离的移动。
12	换页转换键	两种换页转移键说明如下: ↑:此键是用来以顺向,在 CRT 上显示下一页之内容; ↓:此键是用来以逆向,在 CRT 上显示上一页之内容。
13	NC/PC 切换键	当 NC 具备 PC Model-Ⅰ时,此键就可用来在 CRT/M. D. I&DPL 面板上切换 NC 到 PC Model-Ⅰ或 PC Model-Ⅰ到 NC 均可。
14	计算键 CALC	按此键可执行暂存器内的运算。但此键只有在具有客户自设程式群的时候才有效。
15	辅助键 AUX	预备键。
16	面板功能键	POS:显示当前位置; PRGRM:显示编辑或操作中程式; MENU/OFFSET:补正量或参数的设定及显示; DGNOS:参数或诊断号码的设定及显示; OPR/ALARM:警示号码或软体操作画面的显示及设定; AUX/GRAPH:绘图功能的显示及设定。

4.2.2 机械操作面板

机械操作面板因机床的功能及开关的分配不同而有所不同。KF1500立式加工中心的机械操作面板如图4-3所示,各操作键的功能如表4-2所示。

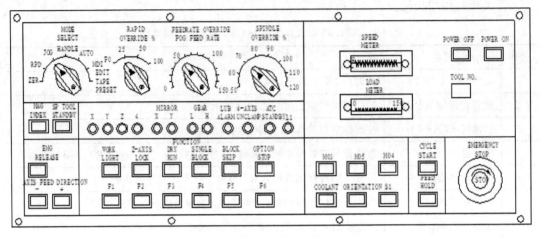

图 4-3 机械操作面板

表 4-2 机械操作面板各操作键说明

名　称	功　能
紧急停止钮 EMERGENCY	在紧急情况下按下此按钮,可终止一切机械动作,并始终保持锁定状态。
硬体极限保证钮 EMG. RELEASE	此钮仅为预防因软件极限参数设定不当或操作失误而造成机台损伤。AXIS FEED DIRECTION ＋、－。
轴向选择钮	"＋"、"－"两组轴向控制钮可供选择与移动。
模式选择 MODE SELECT	此操作种类选择模式。
启动钮 CYCLE START	按下此钮即自动执行程序,且执行中灯始终亮着。
进给停止钮 FEED HOLD	按下此钮,则自动执行中的程序进给减速后停止。下列情况需注意其配合性: (1)攻牙时,须等攻牙循环完成时才能停止进给; (2)"FEED HOLD"仅能停止三轴进给。
单节操作键 SINGLE BLOCK	按下此钮,则每按一次"启动钮"程序执行一个单节;若再执行则再按"启动钮",以此类推。
选择停止键 OPTIONAL STOP	按下此钮,则M01指令有效;此钮与指令单独使用均无效。
Z轴固锁 Z-AXIS FEED LOCK	此功能可固锁Z轴进给,仅CRT坐标移动显示,但机械Z轴不移动,解除后,需Z轴归零。
程序试行钮 DRY RUN	按下此钮,则进给指令F与快速进给均无效;所有移动均由"手动连续进给率选择开关"的进给量来控制。

续表 4-2

名　称	功　能
单节跳跃钮 BLOCK SKIP	按下此钮,则程序中单节前面有"/"符号的单节均跳过不执行,而继续执行下一个单节。
工作指示灯 WORK LIGHT	按下此钮,则可打开工作灯。
自动断电 POWER OFF	当程序执行 M30 或 M02 指令时,此功能将自动切断电源。
电源开启 POWER ON	此灯亮表示电源开启。
切削液 SPINDLE COOLANT	按下此钮,则可启动切削液。
定位 SPINDLE ORIENTATION	此开关将以电磁力的作用使主轴定位。
手动连续进给率与程序进给率调整钮 JOG FEEDRATE & FEEDRATE OVERRIDE	(1)手动连续进给率调整钮(外圈): ①适用于 JOG & DRY RUN 模式; ②范围 0~1260mm/min; (2)程序进给率调整钮(内圈): ①适用于程序中存在"F"指令时; ②适用范围 0~150%; ③攻牙循环无效。
快速移动进给调整钮 RAPID OVERRIDE	适用范围: ①G00/G28/G30/G60 与固定循环等指令的快速移动; ②"RAPID"&"ZERO"模式的移动。
主轴转速表 SPINDLE SPEED	此表显示当前主轴的实际转速,列表上方"H"为高速挡,列表下方"L"为低速挡。
主轴负载表 SPINDLE LOAD	此表显示目前主轴马达的实际负载,当负载达到 120% 时需特别注意。
主轴转速高档 SPINDLE GEAR HIGH	主轴转速达到内定高挡时,此灯亮。
主轴转速高档 SPINDLE GEAR LOW	主轴转速达到内定低挡时,此灯亮。
X 轴镜像 MIRROR X-AXIS	当执行 M71 指令时,此灯亮。
Y 轴镜像 MIRROR Y-AXIS	当执行 M72 指令时,此灯亮。
第 4 轴松开 4-AXIS UNLAMP	无第 4 轴时,此灯不亮。
各轴归零指示灯 X、Y、Z、4	程序或手动执行原点回复后,此指示灯亮。
滑道油警示灯 LUB ALARM	当注油器的油位低于最低标准值时,此警示灯会亮,且注油器会发出鸣笛声。

4.2.3　A.T.C.操作面板

　　A.T.C.操作面板位于刀库前面,依照面板上的顺序号码,可用手动操作 A.T.C.操作循环。A.T.C.操作面板如图 4-4 所示,各操作键的功能如表 4-3 所示。

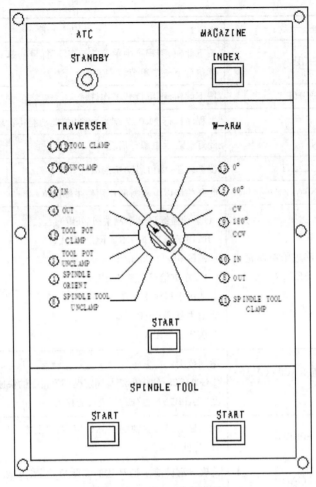

图 4-4　A.T.C.操作面板

表 4-3　A.T.C.操作面板各操作键说明

名　称	功　能
A.T.C.准备完成指示灯 STANDBY	若此灯未亮,A.T.C.不运行;A.T.C.运行中,此灯不亮。当 A.T.C.处于换刀准备完成状态时,此灯亮。
刀库回转钮 INDEX	利用此按钮,按一下可移动一个刀套;若按住此按钮不放,则刀库将连续回转。此外,此按钮也可作为刀库的原点恢复。
A.T.C.动作选择开关	(1)SPINDLE ORIENT 主轴定位;(2)TRAVERSER TOOL CLAMP 鸭嘴夹刀;(3)TOOL POT UNCLAMP 刀套松刀;(4)TRAVERSER OUT 鸭嘴下降;(5)"W"ARM 60 DEGREES 换刀臂旋转 60°;(6)SPINDLE TOOL UNCLAMP 主轴松刀;(7)TRAVERSER TOOL UNCLAMP 鸭嘴松刀;(8)"W"ARM OUT 换刀臂下降;(9)"W"ARM 180 DEGREES 换刀臂旋转 180°;(10)"W"ARM IN 换刀臂上升;(11)SPINDLE TOOL CLAMP 主轴夹刀;(12)"W"ARM 0 DEGREES 换刀臂旋转 0°;(13)TRAVERSER IN 鸭嘴上升;(14)TOOL POT CLAMP 刀套夹刀。

续表 4-3

名　称	功　　能
启动钮 START	选择 A. T. C. 动作循环的一项动作,按下 START 按钮即可执行。
主轴夹刀/松刀按钮 CLAMP/UNCLAMP	利用这两个按钮,在主轴上夹刀或松刀。

4.3 数控加工中心操作具体步骤

4.3.1 数控加工中心操作步骤

加工前先准备好工件毛坯、压板、夹具等装夹工具然后按以下步骤操作:

(1)检查油压、气压,打开电源总开关,启动机床,编制加工程序,同时加工各轴原点复位。

(2)检查系统各部分的运行情况是否正常。

(3)清理工作台面,装夹工件,并校正工件平面。

(4)建立工件坐标系,更换刀具,进行对刀。

(5)开启工作液泵,调节喷嘴流量。

(6)传输数控加工程序开始加工,调整加工参数。

(7)监控运行状态,防止出现非正常切削造成的工件质量问题及其他事故。

4.3.2 数控加工中心基本操作

一、电源的接通与关闭

电源接通的步骤如下:

(1)检查机床的初始状态,如控制柜的前后门是否关好。

(2)接通机床的电源开关,按下操作面板上的"POWER ON"按钮,此时指示灯亮。

(3)系统自检后 CRT 上出现位置显示画面,但在出现位置显示画面和报警画面之前,请务必不要接触 CRT/MDI 操作面板上的键,以防引起意外。

电源关闭的步骤如下:

(1)确认机床运动全部停止,按下操作面板上的"POWER OFF"按钮数秒,此时指示灯灭,CNC 系统伺服电源被切断。

(2)切断机床的电源开关。

二、加工轴原点复位

原点复位手动操作的步骤如下:

(1)在进行回原点之前,请在 HANDLE MODE 模式或 RAPID 模式下,将各轴位置移离各轴原点 100mm 以上。

(2)旋转 MODE 旋钮在 HOME 位置,在 HOME 模式下选择各轴方向键,可使各轴向机械原点移动,或按所有轴回机械原点键(X、Y、Z、4、HOME),使各轴依次回机械原点。

若使 X 轴回原点,按一下 X+/X-键,则 X 轴会向机械原点方向移动,此时 X 轴 LED 闪烁,直到 X 轴移到机械原点时才停止,X 轴机械坐标为 0,X 轴 LED 亮。Y、Z、4 轴动作方式与 X 轴相同。若使所有轴按 Z、Y、X、4 轴的顺序依次回原点,按 HOME 键,此时键灯会闪烁,直到每个轴都在机械原点的位置才结束闪烁,并保持灯亮。

各轴在回机械原点过程中,以快速进给率移到减速位置,然后以 200mm/min 速度移到原点,在快速进给移动中可用快速进给率调整钮调整速率。

三、工作台的移动

工作台的移动分为快速进给和慢速进给两种:

1. 慢速进给操作

慢速进给操作步骤如下:

(1)旋转 MODE 旋钮在 JOG 位置。在这个模式下,按 X+键则以慢速进给调整钮选择的速度向 X+方向移动。Y、Z、4 轴操作方式与 X 轴相同。

(2)调整慢速进给率。通过旋钮,慢速进给速率由 0~1260mm/min 变化,进给误差不超过±3%。

2. 快速进给操作

快速进给操作步骤如下:

(1)旋转 MODE 旋钮在 RAPID 位置。在这个模式下,按 X+键则以慢速进给调整钮选择的速度向 X+方向移动。Y、Z、4 轴操作方式与 X 轴相同。

(2)调整快速进给率。通过旋钮,快速进给率可产生如下变化。

X 轴:0~20000mm/min。

Y 轴:0~20000mm/min。

Z 轴:0~12000mm/min。

四、程序的制作与执行

1. 程序制作

MDI 程序的格式及制作方式与 EDIT 方式相同。

将模式选择钮设定在 MDI 位置。MDI 程序的制作应注意以下几点:

(1)程序号码 00000 自动输入。

(2)程序编辑方式类似于 EDIT 模式编辑方式。

(3)在 MDI 模式下最多可编辑 6 行程序,超过 6 行符号"%"消失,无法进行插入和变换。

(4)程序最后一单节为 M02 或 M30 可自动 RESET 暂存器的资料,避免影响后续操作和程序执行错误。

(5)编辑好的程序若想全部消除可按 O 再按 DELETE 或 RESET 键。

2. 程序的执行

将光标置于程序的起始(也可由中途操作),按 START 或操作面板上的 CYCLE START 键即可开始执行程序。执行到程序结束(M02/M30)或符号"%",则所制作的程序自动消失。

五、程序的管理

程序管理主要包括程序的输入、程序的编辑、程序的删除等操作。

1.程序的输入

该功能包括程序名的创建和程序的输入。程序输入的操作步骤如下：

(1)将资料保护开关打开。

(2)将模式选择开关旋至 EDIT 模式。

(3)按 PRGRM 键。

(4)键入程序位址 O。

(5)键入程序号码。

(6)按 INSERT 键。

(7)键入程序的各个程序段的内容。

2.程序的编辑

程序编辑包括程序的查找、程序内容的修改等内容,其操作步骤如下：

(1)程序查找

①将资料保护开关打开。

②将模式选择开关旋至 EDIT 模式。

③按 PRGRM 键。

④键入程序位址 O。

⑤键入所要找的程序号码,按确认键。

⑥查找结束后,CRT 画面显示寻找到的程序。

(2)程序内容的搜寻

程序内容搜寻方法有单字节搜寻、页面搜寻及指定字节搜寻等方法。

①单字节搜寻:按 CURSOR↑或↓键,则光标在当前位置开始向前或向后逐字节搜寻,找到搜寻的字节后,松开 CURSOR 键即可。

②页面搜寻:按 PAGE↑或↓键,则屏幕显示上一个页面或下一个页面的程序内容。当搜寻到需要修改的程序段所在的页面时,用单字节搜寻方式寻找要修改的字节。

③指定字节搜寻:键入需搜寻的字节,按下 CURSOR↑或↓键,则搜寻从当前位置开始向前或向后进行,当搜寻到要搜寻的字节时,光标停在搜寻到的字节下。如没有找到要搜寻的字节,则 CRT 显示警示信息并报警。

(3)程序内容的修改

程序内容的修改包括:程序字节的插入、替换与删除等。

①程序字节的插入:在 EDIT 或 MDI 模式下,用搜寻方法,将光标移到插入位置前面邻近字节,键入插入内容,然后按 INSERT 键,完成插入。

②程序字节的替换:在 EDIT 或 MDI 模式下,用搜寻方法,将光标移到替换字节位置,键入替换内容,然后按 ALTER 键,完成替换。

③程序字节的删除:在 EDIT 或 MDI 模式下,用搜寻方法,将光标移到删除字节位置,按 DELETE 键,完成删除。

3.程序的删除

删除数控系统内存中的程序步骤如下：

(1)设定模式选择旋钮在 EDIT 状态。

(2)按 PRGRM 键。

(3)按位址键 O。

(4)键入要删除的程序号。

(5)按 DELETE 键,将程序删除。

六、刀号的修改与输入

加工中心在使用过程中,由于误操作或其他方面的原因使机床刀库刀号与显示刀号不符,此时需修改刀号,以避免发生装刀事故。刀号的修改与输入主要分三个步骤:主轴刀号的输入、换刀臂刀号的输入、刀库刀号的输入。

1.主轴刀号的输入

(1)在 MDI 模式下输入 M95 Tn(Tn＝T1～T24)。

(2)按一下 CYCLE START 键,画面 M95 Tn 消失。

(3)按下 T♯ DISPLAY 键检查输入是否正确。

2.换刀臂刀号的输入

(1)在 MDI 模式下输入 M94 Tn(Tn＝T1～T24)。

(2)按一下 CYCLE START 键,画面 M94 Tn 消失。

(3)按下 T♯ DISPLAY 键检查输入是否正确。

3.刀库刀号的输入

(1)在 MDI 模式下输入 M93 Tn(Tn＝T1～T24)。

(2)按一下 CYCLE START 键,画面 M93 Tn 消失。

(3)按下 T♯ DISPLAY 键检查输入是否正确。

七、自动换刀与选刀

在 MDI 模式下,可完成自动换刀和选刀动作。当 NC 读到 M06 时自动执行刀臂与主轴间的刀具交换,读到 T 码时自动执行换刀、选刀、取刀动作。如果 M06 与 T 码同时在同一单节,则先执行自动选刀工作再执行换刀动作。

1.自动换刀顺序

自动换刀操作步骤如下:

换刀前状态:主轴装有一把刀(T1),换刀臂刀库侧的刀爪已经准备好一把刀(T2)。

开始

(1)Z 轴退回第二参考点,主轴定位。

(2)X 轴移到第二参考点,刀号对调开始。

(3)主轴松刀。

(4)换刀臂下降。

(5)换刀臂旋转。

(6)换刀臂上升,刀号对调完成。

(7)主轴抓刀。

(8)X 轴移到 HOME 点。

结束

换刀后状态:主轴装有一把刀(T2),换刀臂刀库侧的刀爪抓一把刀(T1)。

2.自动选刀顺序

KF1500 立式加工中心采用了固定刀号式刀库和捷径选刀方式。

自动选刀操作步骤如下:

选刀前状态:换刀臂上有一把旧刀,要选刀库中一把新刀。

开始:

(1)换刀位置确定(刀臂安装有旧刀具)

①捷径判断(根据刀臂上旧刀具的刀号)。

②旋转计数(刀库旋转)。

(2)还刀(先还刀臂上的旧刀)

①滑座移到换刀臂上方(在刀把上方)。

②套筒下降(套进刀把)。

③滑座移进刀库(刀把从换刀臂移进刀库)。

④换刀臂刀号设为0(换刀臂的刀号登记为0)。

⑤套筒上升(脱离刀把)。

(3)选刀

①捷径判断(根据新刀具刀号位置)。

②旋转计数(刀库旋转)。

(4)取刀(再抓新选刀具)

①套筒下降(套进刀把)。

②滑座移到换刀臂(刀把从刀库移到换刀臂)。

③换刀臂刀号更新(换刀臂的刀号登记为刀库的刀号)。

④套筒上升(脱离刀把)。

⑤滑座移进刀库(初始预备状态)。

结束:

选刀后状态:换刀臂装上要求的新刀,换刀臂上的旧刀还到刀库中对应刀号的位置。

八、工件坐标系的建立以及对刀

无论是手工编程还是自动编程,都必须首先在零件图上确定编程坐标系,原则是便于计算和输入图形。零件的安装方式确定之后,必须选择工件坐标系,它应当与编程坐标系相对应。在机床上,工件坐标系的确定是通过对刀的过程来实现的。

对刀点可以设在工件上,也可设在与工件的定位基准有一定关系的夹具的某一位置,其优点是对刀方便、容易找正、加工过程中检查方便以及引起的加工误差小等。对刀点与工件的坐标系原点如果不重合,在设置机床零点偏置时(G54 对应的值),应当考虑到二者的差值。

对刀的操作步骤如下:

(1)旋转 MODE 旋钮至 HOME 位置。

(2)手动按"+Z"键,Z 轴回零。

(3)手动按"+Y"键,Y 轴回零。

(4)手动按"+X"键,X 轴回零,此时 CRT 上显示各轴坐标为零。

(5)X 轴对刀,记录坐标 X 的显示值(假设为 10.000)。

(6)Y 轴对刀,记录坐标 Y 的显示值(假设为 20.000)。

(7)Z 轴对刀,记录坐标 Z 的显示值(假设为 30.000)。

（8）根据所选用刀具的尺寸以及上述对刀数据，有两种方法可建立工件坐标系。

①执行 $G92\ X10\ Y20\ Z30$，指令，建立工件坐标系。

②将工件坐标系的原点坐标（10,20,30）输入到 $G54$ 寄存器，然后在 MDI 方式下执行 $G54$ 指令。

九、数控程序的传输

1. 数控程序的传送方式

数控程序编制完成，并通过后置处理生成机床控制器能识别的 NC 文件后，需要输入到机床控制器中。有以下几种方式：

（1）手动输入。使用手工方式用机床控制器的面板上的键盘，按 NC 文件内容逐个输入到控制器。如遇到形状较简单的工件，可直接用手工编程的方法来完成时，可通过数控机床提供的 MDI 方式，用键盘直接将数控指令和设定参数送入数控装置。一般键盘会设置在机床显示屏下方，输入的指令可直接在显示器中观察模拟结果，非常直观、方便。这种方式适用于较短的程序，或者机床没有配备其他传输媒介。

（2）FTP 传输。通过 FTP 的方式传输数据，如高速加工机床一般会自带硬盘，能够以 FTP 方式传输文件，实现高速传输。这种方式将是数控程序传输的发展方向，适用于控制器配备了较大的储存器。对于另一些较先进的数控机床，由于本身就配置了 $Windows$ 操作系统，使用这种方式进行传输显得更加方便，只需通过软驱将程序读入系统内部的硬盘（注意是硬盘，不是内置式存储器），执行时调用程序即可，甚至可以通过局域网，将数据直接送入机床。

（3）DNC 传输。DNC 最早的含义是指分布式数控系统（$Distributed\ Numerical\ Control$），即用一台计算机同时控制几台数控机床。随着计算机技术的发展，数控系统由 NC（$Numerical\ Control$）发展成为 CNC，而 DNC 原来的概念发生了很大的变化。

目前数控机床的功能日益完善，一般都支持 $RS232C$ 通信功能，即通过 $RS232C$ 口接受或发送加工程序。数据线传送程序可有两种方式：一种是将程序一次传递完毕，送入机床内置的存储器中，随后调用程序进行加工，适用于较短的加工程序；另一种是在程序传送的同时开动机床进行加工，这也就是通常所说的联机加工，因为数控机床的内置存储器容量有限，一旦所用程序量超出存储器容量，前一种方法就无法实现了，边传送边加工的方式就显示出它的优越性。这种方法使得程序量的大小不会受任何限制，是目前最有效和最常用的传输方式。

对支持 DNC 传输加工的数控机床或加工中心，其操作过程如下：将数控机床或加工中心设置为 DNC 连续加工模式，并将模式选择开关旋钮旋转到 $AUTO$ 模式，然后按下"启动"键即可开始边接受程序边进行加工。

2. 计算机与数控设备 NC 的通讯方式及实现

当前最常用程序传送方法是通过微机与数控机床之间的联机数据线来完成。联接方式有串行和并行方式，对于单向的串行传送只在一条信号线，而并行传送每一位要一条信号线。所以相距较远的设备间的数据传送采用串行方式是比较经济的，但是串行接口需要有一定的逻辑把机内的并行数据转换成串行信号后再传送出去，接收时也要将收到的串行信号经缓冲转换成并行数据，再送至机内处理，这需要硬件和软件密切配合，才能顺利实现。串行通信有两种数据传送方法，即异步串行数据传输和同步串行数据传输。也就是有两种对发送和接收双方共同遵守的统一约定,它包括定时、控制、格式化和数据表示方法等,这种约定被称为通信规程和通信协议。所以,这两种传送方法也称两种传输协议,即异步协议和同步协议。所谓同步传送,就是接收端按发送端所发送的每个码元的重复频率及起止时间来接收数据;而所谓异步传送又称起止同步方式,它并不要求收发两端在传送代码的每一位时都同步,仅要求在起始位和停止位能同步。实现异步传送比较简单易行,但速度不高。按同步协议的传输速率高,但接口结构复杂,一般在高速、大容量数据传送时使用。

传送数据的速率可用波特率来衡量,以每秒传送多少位表示,如每个字符为 10 位,即波特率为:$10 \times 120 = 1200$(位)。一般波特率范围为 $240 \sim 9600$ 位/秒,现代数控机床都可达到 19200 位/秒。

实现计算机与机床的连接通常使用 RS232 标准接口。微型计算机有 9 针的 RS232 标准串行接口,而数控设备 NC 装置上一般只有 25 针的 RS232 标准接口,两者之间须经专用电缆相连,并且所使用的 8 芯屏蔽电缆,长度不能太长。只有通过专用电缆并且使用正确的针脚连接才能通过专用软件的设置,进行相互信息交换。

NC 与计算机(PC)的 RS232 接口连接电缆信号关系图如图 4-5 所示。

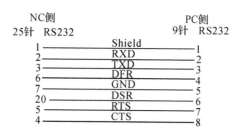

图 4-5　电缆接线方法

如果电缆信号连接准确,接口通讯软件能正确运行,计算机与数控设备的 NC 之间的信息就能顺利交换。

3. NC 通讯软件

常用的 CAD/CAM 软件自带有 NC 通讯功能,但通常因为编程与加工所处的位置不同,同时考虑到工作时的冲突,推荐使用小型的专用传输软件。现在已有较完善的软件适用于计算机与数控设备的 NC 之间的通讯,目前常用的有:V24、PCIN、PCIO、AIC 等几种。

NC 通讯软件主要能实现以下功能:

(1)串行口初始化设定接口号、波特率、数据位、停止位、校验位等参数。在计算机通讯软件中设置的这些参数必须与数控设备 NC 内部装置的参数相一致,NC 与计算机之间才能顺利联机,进行通讯。

(2)将数控设备 NC 内部数据送入至计算机内存。

(3)将计算机内存数据输出至 NC 中。

(4)对机床参数、加工程序等数据进行编辑、打印、删除等。

AIC 是台湾亚洲国际公司所做的一个专用于 NC 机床与计算机进行通讯的小软件。它具有从计算机发送数据文件到 NC 控制器,也可从 NC 控制器接收数据储存到计算机。

AIC 是在 MS-DOS 下的应用软件,无需安装、软件容量小、对硬件和软件的要求低。同时具有界面简洁、操作方便、功能齐全的特点,是目前较好的传输软件之一。

启动 *AIC* 要先进入 *DOS* 方式或者开启 *DOS* 窗口,在 *DOS* 方式下进入 *AIC* 所在目录,如 *C*:\ *AIC*,再输入命令 *AIC* 即可打开 *AIC* 软件。

进入 *AIC* 后,其界面如图 4-6 所示,在键盘上按 F1 键可以进入设置,对传输的工作环境进行设置。包括:通信接口、波特率、参数检查、数据位、停止位、纸带格式、保存参数七个参数,参数需要对应相应的机床控制器进行设置,如表 4-4 所示。

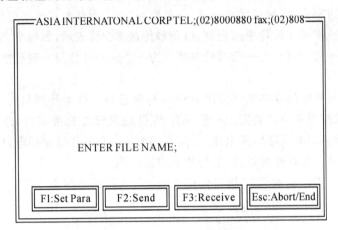

图 4-6　*AIC* 的工作界面

表 4-4　AIC 的参数设置

序号	选项	中文对照	常用选项
1	Communication Port	通信接口	COM1/COM2
2	Baud Rate	波特率	…/4800/9600/19200/…
3	Paraity Check	参数检查	EVEN/NONE/ODD
4	Data Bit	数据位	7/8
5	Stop Bit	停止位	2/1
6	Tape Code	纸带格式	ISO/EIA
7	Save Parameters	保存参数	

按数字键,选择相应选项,用空格键进行参数切换,用回车键确认选择的参数值。

按 F2 发送文件,向控制器传输文件数据,在界面中要求输入准备发送的文件名。输入文件名并按回车键进入发送状态,如果机床控制器已经打开接收开关,发送就可开始,并且 F2 SEND 按钮处于闪烁状态,在顶部,还会显示当前传输的文件名和传输所用的参数,同时在界面内将滚动显示程序的单节。

按 F3 从控制器接收数据文件,储存到硬盘。输入储存文件名后,机床控制器开始发送数据,系统将把接收的数据保存到指定的文件。

按 ESC 键退出 AIC 程序。在程序进行发送或接收数据的过程中,按 ESC 可以中断传输。

十、自动加工

自动加工可根据加工程序的大小分两种模式进行。当加工程序的容量不超过加工中心的内存容量时,可以将加工程序全部输入加工中心的内存中,实现单机自动加工。当加工程序的容量大于加工中心的内存容量时,此时可采用计算机与加工中心联机的方式自动加工。

1.单机自动加工

在自动执行程序模式下,数控系统可以执行内存中的程序,但同一时间只能执行一个程序。自动执行过程如下:

(1)程序输入到内存。

(2)选择要执行的程序。

(3)设定模式选择钮至 AUTO 模式。

(4)按启动键,开始自动执行程序,此时键内的灯发亮。

2.联机自动执行

联机自动加工操作步骤:

(1)选用一台计算机,安装专用传输软件,根据加工中心的程序传输具体要求,设置传输参数。

(2)通过 RS232C 串行接口将计算机和加工中心连接起来。

(3)将加工中心设置成 DNC 模式。

(4)将模式选择开关旋钮旋转到 AUTO 模式。

(5)在计算机上选择要传输加工的程序,按下传输命令。

(6)按下加工中心启动键,联机加工开始。

十一、安全操作

安全操作包括急停、超程等报警处理。

(1)报警。数控系统对其软、硬件及故障具有自我诊断能力,该功能用于监控整个加工过程是否正常,并及时报警。

(2)急停处理。当加工过程中出现紧急情况时,按机械操作面板上的紧急停止键,机床的各运动部件在移动中立即停止。

当本键按下,解除的方法因机床不同而不同,通常将它旋转解除。

(3)超程处理。在手动、自动加工过程中,若机床移动部件(如刀具主轴、工作台)超出其行程极限(软件控制限位或机械限位)时,则为超程。超程时系统报警,机床自动锁住,超程报警灯亮,同时屏幕上方报警行内出现超程报警内容。

软件控制限位超程处理步骤如下:

①旋转 MODE 旋钮在 HANDLE 位置。

②用手摇轮使超程轴反向移至适当位置。

③按 RESET 重新设定键,使数控系统复位。

④超程点原点复位,恢复坐标系统。

机械限位超程,机床液压系统将自动关闭,其超程处理步骤如下:

①按住 CYCLE START 键,使机床液压系统强行启动。

②旋转 MODE 旋钮在 HANDLE 位置。

③用手摇轮使超程轴反向移至适当位置,并放开 CYCLE START 键。

④按 RESET 重新设定键,使数控系统复位。

⑤超程点原点复位,恢复坐标系统。

十二、加工过程的监控

工件在装夹找正及程序调试完成之后，就可进入自动加工阶段。在自动加工过程中，操作者要对切削过程进行监控，防止出现非正常切削造成的工件质量问题及其他事故。

切削过程进行监控主要考虑以下几个方面：

1. 粗加工过程监控

粗加工主要考虑的是工件表面的多余余量的快速切削。在机床自动加工过程中，根据预先设定的切削用量，刀具按预定轨迹自动切削。此时操作者应注意通过切削负荷表现观察切削负荷变化情况，根据刀具的承受力状况，及时调整切削用量。一般情况下，当切削负荷接近满负荷的 70%～80% 时，机床的效率能最大限度地发挥。

2. 精加工过程监控

精加工主要是保证工件的加工尺寸和加工表面质量，此时应着重注意积屑对加工表面的影响，对于型腔加工，还应注意拐角处的加工过切与让刀。对上述问题的解决通常采用以下两种方法：

(1)注意及时调整切削液的喷淋位置，确保加工表面时刻处于最佳加工状态。

(2)注意观察工件已加工表面的质量，通过调整切削用量，尽可能避免表面质量的变化，如调整仍无明显效果，则应停机检查原程序设计是否合理。

特别要注意的是，在需要暂停检查或停机检查时，要注意刀具的位置。一般应在刀具离开切削状态时，才考虑停机。若刀具在切削过程中停机，主轴突然的停转，会使加工表面产生刀痕，从而影响工件的加工质量。

3. 切削过程中切削声音的监控

在自动切削过程中，若机床运行平稳，则刀具切削工件的声音应该是稳定的、连续的、轻快的。随着切削过程的进行，当出现工件上有硬质点、刀具磨损严重或刀具松夹等原因后，切削过程出现不稳定。不稳定的表现是切削声音发生变化，刀具与工件之间会出现相互撞击声，机床出现震动。此时应及时调整切削用量和切削条件，当调整效果不明显时，应暂停机床，检查刀具和工件状况，消除不正常声音源。

4. 刀具监控

刀具的质量在很大程度上决定了工件的表面质量。在自动切削过程中，要注意观察刀具的变化情况，要通过声音监控、切削时间监控、切削过程中暂停检查、工件加工表面分析等方法判断刀具的正常磨损及非正常破损情况。要根据加工要求，对刀具及时处理，防止发生由刀具未及时处理而产生的加工质量问题。

第5章 数控铣床手工编程

5.1 数控程序基础

5.1.1 概 述

数控编程技术经历了三个发展阶段:手工编程、APT语言编程、交互式图形编程。由于手工编程有很多局限性,难以承担复杂曲面的编程工作,因此自第一台数控机床问世起,美国麻省理工学院就开始研究自动编程语言系统,即 APT(Automatically Programmed Tools)语言。

APT语言经过不断的发展,功能逐渐完善,已经能承担复杂曲面的加工编程工作。但是,由于当时计算机处理图形的能力不强,原本十分直观的几何图形的加工过程必须在 APT源程序中用语言的形式去描述,再由计算机生成加工程序,编程过程十分复杂且不易掌握,目前已逐渐被交互式图形编程系统所替代。

交互式图形编程是一种计算机辅助编程技术,它通过专门的计算机软件来实现。这种软件通常以计算机辅助设计(CAD)软件为基础,利用 CAD 软件的图形编辑功能将零件的几何图形绘制到计算机上,形成零件的图形文件,然后调用数控编程模块,采用人机交互的方式在计算机屏幕上指定被加工的部位,再输入响应的加工参数,计算机便可自动进行必要的数学处理并编制出数控加工程序,同时在计算机屏幕上动态地显示出刀具的加工轨迹。它具有速度快、精度高、直观性好、使用简便、便于检查和修改等优点,已成为国内外先进的 CAD/CAM 软件普遍采用的数控编程方式。

尽管交互式图形编程已成为数控编程的主要手段,但是作为一名数控编程人员,基本的手工编程知识必不可少,这是因为:

(1)手工编程是自动编程的基础,尽管在自动编程的过程中,数控编程人员无需运用手工编程指令,但是交互式图形自动编程所形成的源程序指令都是以手工编程指令为基础,因此熟练掌握手工编程对深刻领会自动编程有重要作用。

(2)掌握手工编程有助于提高程序的可靠性。尽管现有的 CAD/CAM 软件都具备对数控程序进行仿真的功能,但是有经验的程序员往往还是会对编制好的程序进行检查,确认其准确性。

(3)在某些特殊情况下无法实现自动编程,必须采用手工编程。

由于本书重点讲述的是数控铣加工的基础知识、加工工艺、操作方式以及手工编程,所面向的潜在读者群是将要从事数控加工和刚开始从事数控加工的一线操作工人,而交互式图形编程一般由专门的数控编程人员来完成,因此本书仅对数控编程的基础知识作简单的介绍。对于交互式图形编程有兴趣的读者可以参考机械工业出版社出版的《实用数控编程技术与应用实例》。

5.1.2 数控机床的坐标系

一、坐标轴

数控机床的坐标系采用笛卡尔直角坐标系,为编程方便,对坐标轴的名称和正负方向都有统一规定,坐标系的确定原则如下:

(1)刀具相对于静止的工件而运动的原则。即总是把工件看成是静止的,刀具作加工所需的运动。

(2)标准坐标系(机床坐标系)的规定。在数控机床上,机床的运动是由数控装置来控制的,为了确定机床上的成形运动和辅助运动,必须先确定机床上运动的方向和运动的距离,这就需要一个坐标系才能实现,这个坐标系就称为机床坐标系。

(3)运动方向。数控机床的某一部件运动的正方向,是增大工件与刀具之间距离的方向。

如图 5-1 所示,标准的机床坐标系采用右手笛卡尔直角坐标系,它用右手的大拇指表示 X 轴,食指表示 Y 轴,中指表示 Z 轴,三个坐标轴相互垂直,即规定了它们之间的位置关系。这三个坐标轴与机床的各主要导轨平行。A、B、C 分别是绕 X、Y、Z 旋转的角度坐标,其方向遵从右手螺旋定则,即右手的大拇指指向直角坐标的正方向,其余四指的绕向为角度坐标的正方向。

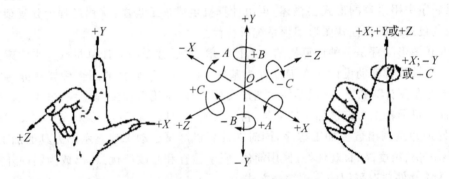

图 5-1　右手坐标系统

无论哪一种数控机床都规定 Z 轴作为平行于主轴中心线的坐标轴,如果一台机床有多根主轴,应选择垂直于工件装卡面的主要轴为 Z 轴。

X 轴的方向通常选择为平行于工件装卡面且与主要切削进给方向平行的方向。

旋转坐标 A,B,C 的方向分别对应 X,Y,Z 轴,按右手螺旋方向确定。图 5-2 为数控机床坐标轴应用实例。

二、坐标系

在坐标系中坐标轴的方向确定以后,机床坐标原点便确定下来了,只有当坐标原点确定后坐标系统才算确定了,加工程序就在这个坐标系内运行。坐标原点不同,即使是执行同一段程序,刀具在机床上的加工位置也是不同的。下面简单介绍几种坐标系的建立方法。

1. 机床坐标系

仅仅确定了坐标轴的方位,还不能确定一个坐标系,还必须确定原点的位置。数控加工中涉及三个坐标系,分别是机床坐标系、加工坐标系和编程坐标系,对同一台机床来说,这三

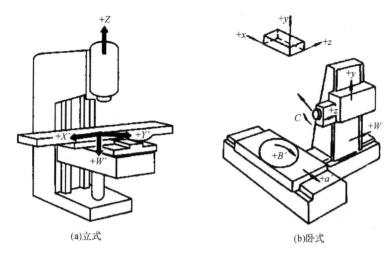

(a)立式　　　　　　(b)卧式

图 5-2　数控铣床坐标系

个坐标系的坐标轴都相互平行,只是原点位置不同。机床坐标系的原点设在机床上的一个固定位置,它在机床装配、安装、调整好后就确定下来了,是数控加工运动的基准参考点。在数控铣床或加工中心上,它的位置取在 X、Y、Z 三个坐标轴正方向的极限位置,通过机床运动部件的行程开关和挡铁来确定。数控机床每次开机后都要通过回零运动,使各坐标方向的行程开关和挡铁接触,使坐标值置零,以建立机床坐标系。

机床坐标系是最基本的坐标系,是在机床回参考点操作完成以后建立的。一旦建立起来除了受断电的影响外,不受控制程序和设定新坐标系的影响。

有些数控系统把选用机床坐标系的指令设定为 G53,它是非模态码,G53 只能在绝对方式下(G90)才有效。如果控制系统处于相对方式下(G91),它将忽略 G53 代码和同一程序段中的其他任何坐标系。

2.编程坐标系

编程人员在编程时,需要把零件的尺寸转换为刀具运动的坐标,这就要在零件图样上确定一个坐标原点,这个坐标原点就是编程原点,它所决定的坐标系就是编程坐标系。其位置没有一个统一的规定,确定原则是以利于坐标计算为准,同时尽量做到基准统一,即使编程原点与设计基准、工艺基准统一。

3.工件坐标系

工件坐标系是程序编制人员在编程时使用的。程序编制人员以工件上的某一点为坐标原点,建立一个新坐标系。在这个坐标系内编程可以简化坐标计算,减少错误,缩短程序长度。但在实际加工中,操作者在机床上装好工件之后要测量该工件坐标系的原点和基本机床坐标系原点的距离,并把测得的距离在数控系统中预先设定,这个设定值叫工件零点偏置。在刀具移动时,工件坐标系零点偏置便加到按工件坐标系编写的程序坐标值上。对于编程者来说,只是按图纸上的坐标来编程,而不必事先去考虑该工件在机床坐标系中的具体位置,如图 5-3 所示。

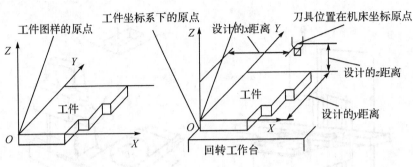

图 5-3　工件坐标系

5.1.3　程序段的组成

一个完整的加工程序由程序号、若干个程序段以及程序结束指令组成。

一、程序号

每个程序开头都必须有程序号，即给程序编号，以便进行检索。在编号前面要用程序编号地址码。如%45，其中%为程序号地址码，45 为程序编号。

不同的数控系数，采用的程序号地址码也不同，如德国 SIEMENS 公司产品用%；日本 FANUC 公司产品用 O；而美国 AB8400 系统则采用了 P 作为程序的地址码。编程时，一定要根据具体数控系数的说明书的规定来编写，否则系统不能执行。

二、程序段的格式和组成

程序段中字、字符和数据的排列规则称为程序段格式。目前广泛应用的是字一地址程序格式，这是一种可变程序段格式，即在一个程序段内数据字的数目以及字的长度（位数）都是可以变化的。

字一地址程序段的特点是每个程序段由若干字组成。每个字由英文字母（代表的地址）开头，其后紧随数字（尺寸数字前面有符号）构成的。它代表控制系统的一个具体指令。其一般格式为：

$$程序段号\quad 字\quad 字\quad 字……字\quad 程序段结束符号$$

一般的数控系统对各类字的允许字长都有规定，如某一数控系统的规定如下：

$$N4\quad G2\quad X\pm5.3\quad Y\pm5.3\quad 2\pm5.3\quad F\pm4.3\quad S4\quad T2M2\quad M$$

这表示 N 字最多能用不含小数点的四位数字，X 字最多能用小数点前五位、小数点后三位的数字，而且可以带正、负号，其余类推。数控系统对加工程序中的正号可以省略。

程序字按其功能不同可分为七种类型：顺序号字、准备功能字、尺寸字、进给功能字、主轴转速功能字、刀具功能字以及辅助功能字。

1. 顺序号字

顺序号也称程序段号、程序段序号或序号，一般位于程序段开头，由地址符 N 和随后的 1—4 位数字组成。顺序号可以出现在主程序、子程序和用户宏程序中。顺序号主要用以下功能：

（1）顺序号便于人们正确、迅速地进行程序校对和检索修改。

（2）可用于程序段复归操作"再对准"，即根据顺序号回到程序运动的中断处，或在加工时可从程序的中间开始。

（3）在主程序和子程序中可用于无条件转向的目标。

（4）在宏程序中则可用于条件转向或无条件转向的目标。

2. 准备功能字

准备功能字的地址符是 G，所以亦称 G 功能或 G 指令。它是建立机床或控制系统工作方式的一种命令。准备功能字中后续数大多为两位正整数（00—99）。不少机床中，前置的"0"允许省略。如 G03，可简写为 G3。随着数控机床功能的增长，后续两位数已不够使用。所以有些数控系统的 G 功能中的后续数字已经使用 3 位数。常用 G 指令的编程方法和应用，将在下文中详细介绍。

3. 尺寸字

尺寸字亦称尺寸指令。尺寸字在程序段中主要用来指令机床刀具运动到达的坐标位置。字地址符常用的尺寸指令有三组：

（1）X、Y、Z、U、V、W、P、Q、R 主要是用来指令到达点的直线坐标尺寸。

（2）A、B、C、D、E 主要是用来指令到达点的角度坐标。

（3）I、J、K 主要是用于指定圆弧轮廓圆心点的坐标尺寸。

4. 进给功能字

进给功能字的地址符为 F，所以也称 F 功能或 F 指令，主要用于指定进给速度。现在一般都使用直接指定方式（也称直接指定码），即可用 F 后的数字直接指定进给速度，一般用每分钟进给来表示。直接指定方式的优点是直观、方便。

5. 主轴速度功能字

主轴速度功能字的地址符为 S，所以也称 S 功能字，主要用来指定主轴转速或速度，单位为 r/min 或 mm/min。主轴速度功能字也可直接用数字指定进给速度，与 F 功能字相似。有些机床的主轴速度功能字采用随主轴速度增加而增加的两位代码数表示。

6. 刀具功能字

刀具功能采用地址符 T 及随后的代码化数字表示，也称 T 功能字，主要用来选择刀具，也可用来选择刀具偏置和补偿。T 功能字后面的数字，表示刀号、刀具补偿、刀具型式等。不同数控系统的刀具功能字含义不同，应视规定而定。

7. 辅助功能字

辅助功能字由地址符 M 及随后的 1～3 位数字组成（00—99），所以也称 M 功能字，它用来指定机床辅助功能及状态的功能，如主轴的起停、冷却液的开关、刀具更换等。

5.1.4 主程序与子程序

在编制零件加工程序时，经常会遇到某一程序段在一个程序中多次出现，或者在几个程序中都要用到它。那么我们可以将这段程序段摘出来后单独储存，这组程序段就是子程序。

子程序就是可由机床控制指令调用的一段加工程序，它在加工中一般具有独立意义。调用第一层子程序指令所在的加工程序称作主程序。调用子程序指令和调用次数字组成、具体规则和格式随系统而有所不同。

子程序可以嵌套，即一层套一层。上一层与下一层的关系和主程序与第一层程序的关系相同。最多可以嵌套多少层，由具体的数控系统所决定。子程序的形式和组成与主程序大体相同。第一行是子程序名（号），最后一行则是"子程序结束"指令，它们之间是子程序主体。不过主程序结束指令的作用是结束主程序、数控系统复位，其指令字已经标准化了，各系统都采用 M02 或 M30。而子程序结束指令的作用是结束子程序，返回主程序或上一层子程序。其指令字各系统不统一。如日本 FANUC 系统用 M99，德国 SIMENS 系统用 M17，而美国 AB 公司的系统则用 M02 等。

5.1.5 手工编程中常用数值计算

手工编程中常用数值计算公式包括：勾股定理、三角函数、正余弦定理、相切原理等。

一、勾股定理

如图 5-4 所示，在直角三角形 abc 中，有：

$$a^2 + b^2 = c^2$$

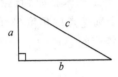

图 5-4　勾股定理

二、三角函数

在如图 5-5 所示的三角形中，定义正弦和余弦函数如下：

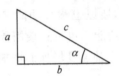

图 5-5　三角函数

正弦函数：$\sin\alpha = \dfrac{a}{c}$

其函数图像如图 5-6 所示。

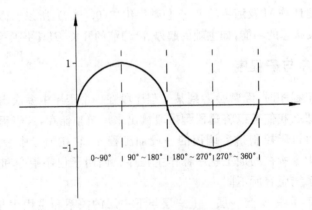

图 5-6　正弦函数

余弦函数：$\cos\alpha = \dfrac{b}{c}$

其函数图像如图 5-7 所示。

正切函数：$\tan\alpha = \dfrac{a}{b}$

其函数图像如图 5-8 所示。

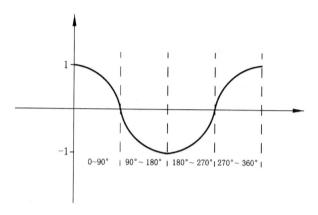

图 5-7　余弦函数

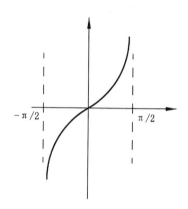

图 5-8　正切函数

三、正余弦定理

在如图 5-9 所示的三角形中，存在正余弦定理如下：

1. 正弦定理

$$\frac{a}{\sin\alpha} = \frac{b}{\sin\beta} = \frac{c}{\sin\gamma}$$

2. 余弦定理

$$\cos\alpha = \frac{a^2 + b^2 + c^2}{2bc}$$

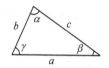

图 5-9　正余弦定理

四、相切原理

1. 直线与圆弧相切

直线与圆弧相切，圆心与切点的连线与直线垂直，如图 5-10 所示。

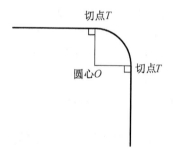

图 5-10　直线与圆弧相切

2. 圆弧与圆弧相切

圆弧与圆弧相切,两圆心连线过切点,如图 5-11 所示。

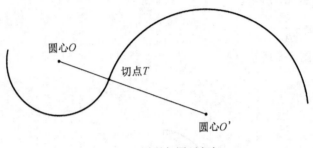

图 5-11　圆弧与圆弧相切

5.2　数控手工编程的一般步骤

数控手工编程的主要内容有:分析零件图样、确定加工过程、数学处理、编写程序清单、程序检查、输入程序和工件试切。

通常情况下,手工编程的步骤如图 5-12 所示。

1. 分析零件图样和工艺处理

首先根据图纸对零件的几何形状尺寸、技术要求进行分析,明确加工内容、决定加工方案、加工顺序、设计夹具、选择刀具、确定合理的走刀路线和切削用量等。同时还应充分发挥数控系统的性能,正确选择对刀点及进刀方式,尽量减少加工辅助时间。

2. 数学处理

编程前根据零件的几何特征,建立一个工件坐标系,根据图纸要求制定加工路线,在工件坐标系上计算出刀具的运动轨迹。对于形状比较简单的零件(如直线和圆弧组成的零件),只需计算出几何元素的起点、终点、圆弧的圆心、两几何元素的交点或切点的坐标值。对于形状复杂的零件(如非圆曲线、曲面组成的零件),数控系统的插补功能不能满足零件的几何形状时,必须计算出曲面或曲线上一定数量的离散点,点与点之间用直线或圆弧逼近,根据要求的精度计算出节点间的距离。

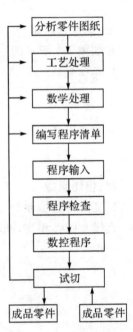

图 5-12　手工编程的步骤

3. 编写零件程序单

加工路线和工艺参数确定以后,根据数控系统规定的指令代码及程序段格式,逐段编写零件程序。

4. 程序输入

以前的数控机床的程序输入一般使用穿孔纸带,穿孔纸带上的程序代码通过纸带阅读装置送入数控系统。现代数控机床主要利用键盘将程序输入到计算机中,通信控制的数控机床,程序可以由计算机接口传送。

5.程序校验与首件试切

程序清单必须经过校验和试切才能正式使用。校验的方法是将程序内容输入到数控装置中,机床空刀运转,若是平面工件,可以用笔代刀,以坐标纸代替工件,画出加工路线,以检查机床的运动轨迹是否正确。若数控机床有图形显示功能,可以采用模拟刀具切削过程的方法进行检验。但这些过程只能检验出运动是否正确,不能检查被加工零件的精度,因此必须进行零件的首件试切。首次试切时,应该以单程序段的运行方式进行加工,监视加工状况,调整切削参数和状态。

5.3 G 编程指令及应用

5.3.1 坐标系有关指令

1.绝对坐标指令

G90 为绝对坐标指令。该指令表示程序段中的编程尺寸是按绝对坐标给定的,所有坐标地址字符后紧跟的尺寸数字都相对于编程原点(又称工件原点)给定的。

2.相对坐标指令

G91 位相对坐标指令。该指令表示程序段中的编程尺寸是按相对坐标给定的,程序段中的尺寸都是相对于前一个点给定的。一般在同一个程序中用一种坐标指令,但是也有一些数控系统允许在同一程序中混合使用 G90 和 G91 两种指令。

3.坐标系设定指令

G92 为坐标系设定指令。当用绝对尺寸编程时,必须先建立刀具相对于工件起始位置的坐标系,即确定零件的绝对坐标原点(又称程序原点或编程原点)设定在距刀具现在位置多远的地方,也就是以程序原点为准,确定刀具起始点的坐标值,并把这个设定值记忆在数控装置的存储器中,作为后续各程序段绝对尺寸的基准。在一个零件的全部加工程序中,根据具体要求,可以只设定一次或多次。G92 为续效指令,只是在重新设定时,先前的设定才失效。

4.坐标平面指令

G17、G18、G19 为坐标平面指令。它们分别表示在 XY、ZX、YZ 坐标平面内进行加工,程序段中的坐标地址符应按坐标平面指令命令来书写。

5.极坐标指令

G15 为取消极坐标指令,G16 为极坐标指令。

终点的坐标值可以用极坐标(半径和角度)输入。角度的正向是所选平面的第一轴正向的逆时针转向,而负向是沿顺时针转动的转向。半径和角度两者可以用绝对值指令或增量值指令(G90、G91)。

6.局部坐标系指令

指令格式为:G52 X_Y_Z_A_

其中 X、Y、Z、A 是局部坐标系原点在当前工件坐标系中的坐标值。

G52 指令能在所有的工件坐标系(G92、G54～G59)内形成子坐标系,即局部坐标系。含有 G52 指令的程序段中,绝对值编程方式的指令值就是在该局部坐标系中的坐标值。设定局部坐标系后,工件坐标系和机床坐标系保持不变。G52 指令为非模态指令。在缩放及旋转功能下不能使用 G52 指令,但在 G52 下能进行缩放及坐标系旋转。

5.3.2 快速定位指令

格式:G00 X_Y_Z_

它指令刀具相对于工件从现时的定位点,以数控系统预先调定的最大进给速度,快速移动到程序段所指令的下一个定位点。该指令只是使刀具快速到位,而其运动轨迹根据具体控制系统的设计可以是多种多样的。如图 5-13 所示,从 A 到 B 有四种方式:路线 a 是以折线方式到达 B 点,其初始角 α 是固定的,决定于各坐标的脉冲当量;路线 b 为直线 AB;路线 d 和 c 则分别由 AD、DC 或 AC、CB 构成。路线 a、b 的程序段为:

    G90   G00   XB   YB …… (绝对值)

或   G91   G00   XAB   YAB …… (相对值)

当为路线 d 和 c 时,则各为两条 G00 程序。应注意的是,进给速度 F 对 G00 程序无效。

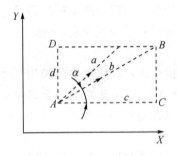

图 5-13   快速点定值

5.3.3 直线插补指令

格式:G01 X_Y_Z_

其特点是:两坐标(或三坐标)间以插补联动方式且按指定的 F 进给速度作任意斜率的直线运动。G01 指令中必须含有 F 指令,G01 和 F 都是续效指令。

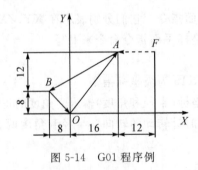

图 5-14   G01 程序例

图 5-14 为 G01 程序例,P 点为刀具起点。刀具由 P 点快速沿 AB、BO、OA 切削,再快速返回 P 点,程序如表 5-1 所示。

表 5-1　直线插补指令的应用

序号	绝对值编程			相对值编程			
N0010	G92	X28	Y20	G91	G00	X−12　Y0　S_T_M_	
N0020	G90	G00	X16　S_T_M_	G01	X−24　Y−12　F_		
N0030	G01	X−8	Y8　F_		X8　Y−8		
N0040		X0	Y0		X16　Y20		
N0050		X16	Y20	G00	X12　Y0　M02		
N0060	G00	X28	M02				

5.3.4　圆弧插补指令

格式: $G17 \begin{Bmatrix} G02 \\ G03 \end{Bmatrix} X\_Y\_ \begin{Bmatrix} R\_ \\ I\_J\_ \end{Bmatrix}$

$\quad\quad G18 \begin{Bmatrix} G02 \\ G03 \end{Bmatrix} X\_Z\_ \begin{Bmatrix} R\_ \\ I\_K\_ \end{Bmatrix}$

$\quad\quad G19 \begin{Bmatrix} G02 \\ G03 \end{Bmatrix} Y\_Z\_ \begin{Bmatrix} R\_ \\ J\_K\_ \end{Bmatrix}$

G02 为顺时针圆弧,G03 为逆时针圆弧。圆弧的顺、逆可按图 5-15 给出的方向进行判断。沿圆弧所在平面(如 XY)的另一坐标轴的负方向(即 Z)看去,顺时针方向为 G02,逆时针方向为 G03。

当机床只有一个坐标平面时,平面指令可以省略(如车床);当机床具有三个坐标时(如铣床),G17 可省略。

终点坐标可以用绝对值,也可用终点相对于起点的增量值,决定于程序中已指定的 G90 或 G91。

圆心坐标 I、J、K 一般用圆心相对于圆弧起点(矢量方向指向圆心)在 X、Y、Z 坐标的分矢量确定,且总是为相对值,而与已指定的 G90 无关。圆心参数也可用半径 R。由于在同一半径 R 的情况下,从圆弧的起点到终点有两个圆弧的可能性,为区别二者,当 $R \leqslant 180°$ 的圆弧用 $+R$,$>180°$ 的圆弧用 $-R$。用 R 作参数时,不能描述整圆。

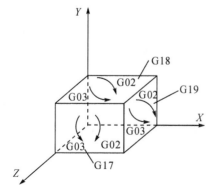

图 5-15　圆弧顺逆的区分

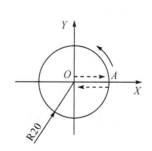

图 5-16　封闭圆编程

图 5-16 为封闭圆，只能用 I、J 编程。设刀具起点在坐标原点 O，快速移至 A，按箭头方向以 $F100$ 速度切削整圆至 A，再返回原点。程序如表 5-2 所示。

表 5-2　圆弧插补指令(I、J 编程)的应用

序号	绝对值编程	相对值编程
N0010	G92　X0　Y0	G91　G00　X20　Y0
N0020	G90　G00　X20	G03　X−20　Y20　I−20　J0　F100
N0030	X0　Y20　I−20　J0　F100	X−20　Y−20　I0　J−20
N0040	X−20　Y0　I0　J−20	X20　Y−20　I20　J0
N0050	X0　Y−20　I20　J0	X20　Y20　I0　J20
N0060	X20　Y0　I0　J20	G00　X−20　Y0　M02
N0070	G00　X0　Y0　M02	

注：I0 和 J0 可以省略。

图 5-17 为圆弧用 R 编程。设 A 点为起刀点，从 A 点沿圆弧 C1、C2、C3 至 D 点停止(F 为 100)。程序如表 5-3 所示。

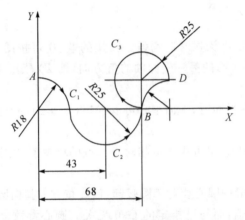

图 5-17　圆弧用 R 编程

表 5-3　圆弧插补指令(R 编程)的应用

序号	绝对值编程	相对值编程
N0010	G92　X0　Y18	G91　G02　X18　Y−18　R18　F100
N0020	G90　G02　X18　Y0　R18　F100	G03　X50　Y0　R25
N0030	G03　X68　Y0　R25	G02　X20　Y20　R−20　M02
N0040	G02　X88　Y20　R−20　M02	

若要求如虚线所示的 BD 弧($<180°$)，则上述 $C3$ 圆程序的 $−R$ 换成 R 即可，其余不变。

5.3.5　螺旋线插补指令

格式：$G17 \left\{ \begin{matrix} G02 \\ G03 \end{matrix} \right\} X\_Y\_Z\_ \left\{ \begin{matrix} R\_ \\ I\_J\_ \end{matrix} \right\} K\_$

$$G18 \begin{Bmatrix} G02 \\ G03 \end{Bmatrix} X\_ Y\_ Z\_ \begin{Bmatrix} R\_ \\ I\_ K\_ \end{Bmatrix} J\_$$

$$G19 \begin{Bmatrix} G02 \\ G03 \end{Bmatrix} X\_ Y\_ Z\_ \begin{Bmatrix} R\_ \\ J\_ K\_ \end{Bmatrix} I\_$$

在圆弧插补时,垂直插补平面的直线轴同步运动,构成螺旋线插补运动,如图 5-18 所示。G02、G03 分别表示顺时针、逆时针螺旋线插补。

$$格式:G17 \begin{Bmatrix} G02 \\ G03 \end{Bmatrix} X\_ Y\_ Z\_ \begin{Bmatrix} R\_ \\ I\_ J\_ \end{Bmatrix} K\_$$

其中各参数的意义如下,另两格式中参数意义由前述类推。

(1)X、Y、Z 为螺旋线的终点坐标。

(2)I、J 是圆心相对于螺旋线起点在 X、Y 轴上的增量坐标。

(3)R 是半径,与 I、J 两者取一。

(4)K 是螺旋线的导程(单头即为螺距)。

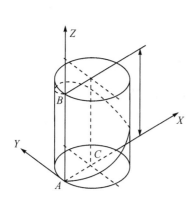

A-起点;B-终点;C-圆心;K-导程

图 5-18　螺旋线插补

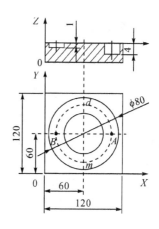

图 5-19　螺旋槽加工

图 5-19 所示型腔由两个螺旋面组成,前半圆 $\overset{\frown}{AmB}$ 为左旋螺旋面,后半圆 $\overset{\frown}{AmB}$ 为右旋螺旋面。型腔最深处为 A 点,最浅处为 B 点,采用 $\phi8$ 立铣刀加工。加工步骤如下:

A(X96.0　Y60.0　Z−4.0)

B(X24.0　Y60.0　Z−1.0)

K(K=6)

程序如表 5-4 所示。

表 5-4　螺旋槽加工程序

序号	程　序	说　明
N0010	G00　X24　Y60　Z2　S1500　M03	快进至 B 点上方,主轴正转,1500r/min
N0020	G01　Z−1　F150	Z 轴进刀
N0030	G03　X96　Y60　Z−4　I36　J0　K6	螺旋线成插补 $B{\to}m{\to}A$
N0040	G03　X24　Y60　Z−1　I−36　J0　K6	螺旋线成插补 $A{\to}n{\to}B$
N0050	G00　X0　Y0　Z100　M02	快退至(0,0,100),程序结束

5.3.6 刀具半径补偿指令

$$\text{格式:}\begin{Bmatrix}G17\\G18\\G19\end{Bmatrix}\begin{Bmatrix}G41\\G42\\G40\end{Bmatrix}G01\begin{Bmatrix}X\_Y\_\\X\_Z\_\\Y\_Z\_\end{Bmatrix}$$

$$\text{或}\begin{Bmatrix}G17\\G18\\G19\end{Bmatrix}G40G00\begin{Bmatrix}X\_Y\_\\X\_Z\_\\Y\_Z\_\end{Bmatrix}$$

G41 为刀具左补偿指令(左刀补),顺着刀具前进方向看,刀具位于工件轮廓(编程轨迹)左边,称左刀补(图 5-20(a))。G42 为刀具右补偿指令(右刀补),顺着刀具前进方向看,刀具位于工件轮廓(编程轨迹)右边,称右刀补(图 5-20(b))。G40 为取消刀具补偿指令。

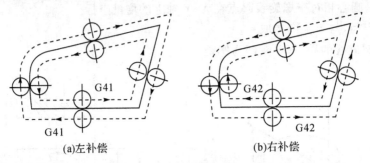

图 5-20 刀具半径的左右补偿

(a)左补偿 (b)右补偿

G40、G41、G42 为模态指令。机床初始状态为 G40,建立和取消刀补必须与 G01 或 G00 指令组合完成,建立和取消刀补的过程如图 5-21 所示。使刀具从无刀具半径补偿状态(图中 P_0 点),运动到补偿开始点(图中 P_1 点),其间为 G01 运动。用刀补轮廓加工完成后,还有一个取消刀补的过程,即从刀补结束点(图中 P_2 点),G01 或 G00 运动到无刀补状态(图中 P_0 点)。

格式中参数 X、Y 是 G01、G00 运动的目标点坐标。如图 5-21 所示,建立刀补时,X、Y、Z 是 A 点坐标;取消刀补时,X、Y、Z 是 P_0 点坐标。

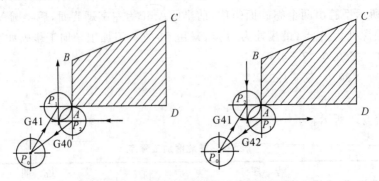

图 5-21 建立和取消刀补的程序段过程

加工如图 5-22 所示外轮廓面,顺时针运动加工工件,采用刀具左补偿指令,程序如表 5-5 所示。

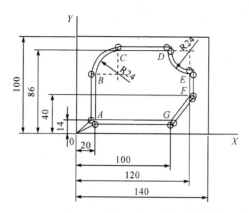
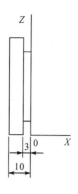

图 5-22　刀具半径补偿应用

表 5-5　刀具半径补偿加工外轮廓

序号	程　序	说　明
N0010	G54　X−70　Y−100　Z−140　S1500　M03	设工件零点于 O 点,主轴正转,1500r/min
N0020	G00　X0　Y0　Z2　T01	刀具快进至(0,0,2)
N0030	G01　Z−3　F150	刀具工进至深 3mm 处
N0040	G41　X20　Y14	建立左刀补 O→A
N0050	Y62	直线插补 A→B
N0060	G02　X44　Y86　I24　J0	圆弧插补 B→C
N0070	G01　X96	直线插补 C→D
N0080	G03　X120　Y62　I24　J0	圆弧插补 D→E
N0090	G01　Y40	直线插补 E→F
N0100	X100　Y14	直线插补 F→G
N0110	X20	直线插补 G→A
N0120	G40　X0　Y0	取消刀补 A→O
N0130	G00　Z100	刀具 Z 向快退
N0140	G53	取消工件零点偏置
N0150	M02	程序结束

　　加工如图 5-23 所示外轮廓面,顺时针运动加工工件,采用刀具右补偿指令,程序如表 5-6所示。

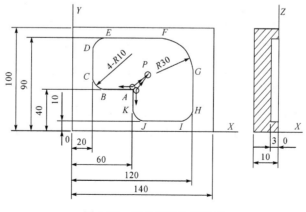

图 5-23　刀具半径补偿应用

表 5-6　刀具半径补偿加工内轮廓

序号	程序					说　明
N0010	G54	X−70　Y−100　Z−140	S15000	M03		设定工件零点 O
N0020	G00	X80　Y60　Z2　T01				刀具快进至 P 点上方
N0030	G01	Z−3　F100				刀具 Z 向工进至深 3mm 处
N0040	G42	X60　Y40				建立左刀补 $P{\rightarrow}A$
N0050	X30					直线插补 $A{\rightarrow}B$
N0060	G02	X20　Y50　I0　J0				圆弧插补 $B{\rightarrow}C$
N0070	G01	Y80				直线插补 $C{\rightarrow}D$
N0080	G02	X30　Y90　I10　J0				圆弧插补 $D{\rightarrow}E$
N0090	G01	X90				直线插补 $E{\rightarrow}F$
N0100	G02	X120　Y60　I0　J−30				圆弧插补 $F{\rightarrow}G$
N0110	G01	Y20				直线插补 $G{\rightarrow}H$
N0120	G02	X110　Y10　I−10　J0				圆弧插补 $H{\rightarrow}I$
N0130	G01	X70				直线插补 $I{\rightarrow}J$
N0140	G02	X60　Y20　I0　J10				圆弧插补 $J{\rightarrow}K$
N0150	G01	Y40				直线插补 $K{\rightarrow}A$
N0160	G40	X80　Y60				取消刀补 $A{\rightarrow}P$
N0170	G00	Z100				刀具 Z 向快退
N0180	G53					取消工件零点偏置
N0190	M02					程序结束

5.3.7　刀具长度补偿指令

格式：G43　G01　Z

$$G44 \begin{Bmatrix} G01 \\ G00 \end{Bmatrix} Z\_$$

G43 为建立刀具长度半径补偿，G44 为取消刀具长度半径补偿。刀具长度补偿功能用于 Z 轴方向的长度补偿。它可使刀具在 Z 轴方向的实际位移量大于或小于程序给定值。

刀具长度补偿功能使编程者可在不知道刀具长度的情况下，按假定的标准刀具长度编程，即编程不必考虑刀具的长短，实际用刀长度与标准刀长不同时，可用长度补偿功能进行补偿。同样，当加工中刀具因磨损、重磨、换新刀而长度发生变化时，也不必修改程序中的坐标值，只要修改刀具参数库中的长度补偿值即可。另外，若加工一个零件需用几把刀，各刀的长短不一，编程时也不必考虑刀具长短对坐标值的影响，只要把其中一把刀设为标准刀，其余各刀相对标准刀设置长度补偿值即可。

加工如图 5-24 所示三条槽，槽深为 2mm。选择 $\phi 8$ 铣刀为 1 号刀，1 号刀的长度补偿值设置为 0；$\phi 6$ 铣刀为 2 号刀，2 号刀相对 1 号标准刀的长度差值用长度补偿值自动设置。程序见表 5-7 所示。

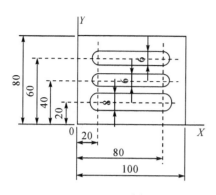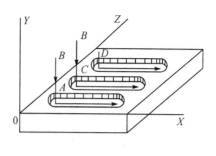

图 5-24 刀具长度半径补偿应用实例

表 5-7 刀具长度补偿实例

序号	程 序	说 明
N0010	G00 X20 Y20 Z2 T01 S1500 M03	1 号标准刀至 8mm 槽上方 A 点
N0020	G01 Z−2 F150	Z 向进刀至槽底
N0030	X80	X 向进给获得槽长
N0040	G00 X20 Y40 Z100 M05	退刀到 6mm 槽上方 B 点, 主轴停转
N0050	M00	程序暂停, 手动换 2 号刀, 再按循环启动键, 继续执行以下程序
N0060	T02 S1500 M03	调用 2 号刀, 主轴正转
N0070	G43 G01 Z2 F400	2 号刀产生长度补偿, 刀位点至 Z2(C 点)
N0080	G01 Z−2 F150	Z 向进刀至槽底
N0090	X80	X 向进给获得槽长
N0100	G00 X20 Y60 Z2	退刀至第三条槽上方 D 点
N0110	G01 Z−2	Z 向进刀至槽底
N0120	X80	X 向进给获得槽长
N0130	G44 G00 X20 Y20 Z100 M02	取消长度补偿退刀至 8mm 槽上方 E 点, 程序结束

5.3.8 孔加工固定循环指令

采用孔加工固定循环功能, 只用一个指令, 便可完成某种孔加工(如钻、攻、镗)等整个过程。

一、孔加工固定循环基本动作

孔加工固定循环由六个基本动作组成, 如图 5-25 所示。

动作 1: 刀具的刀位点从当前点出发, 在 XY 平面内快速进给至起始点(被加工孔的上方)。

动作 2: 刀具 Z 向快速进给至加工表面附近的安全平面(后简称 R 平面)。

动作 3: 孔加工(如钻、攻、镗)至孔底。

动作 4: 孔底位置的动作(如进给暂停、主轴定向停止、刀具偏移、主轴反转等)。

动作 5: 刀具返回 R 平面。

动作 6: 刀具快退至起始点。

二、孔加工固定循环的指令格式

格式: G_X_Y_Z_R_Q_P_F_K_

式中, G_为钻孔模式(参照表 5-8);

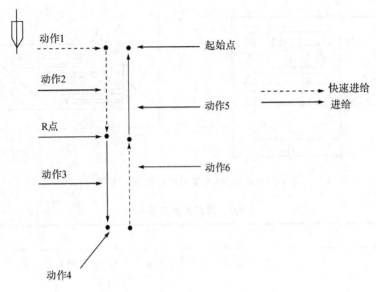

图 5-25　孔加工固定循环基本动作

X_Y_为孔位置资料(用增量或绝对值指定钻孔位置,路径及进给率与 G00 快速定位相同);

Z_为用增量值指定从 R 点到孔底位置的距离或用绝对值指定孔底的位置,进给速度在动作 3 用 F 码指定,在动作 5 依照钻孔模式变成快速进给或 F 码指定的进给率;

R_为用增量值指定从起始位置到 R 点位置的距离或用绝对值指定 R 点的位置,进给率在动作 2 及动作 6 为快速进给;

Q_为用 G73 或 G83 指定每次切入量或用 G76 或 G87 指定移动量,以增值量指定;

P_为指定在孔底位置暂停时间,时间及指定值间的关系与 G04 一样;

F_为指定进给率;

K_为指定动作 1 至 6 一系列动作的重复次数,未指定 K 时,$K=1$,当指定 $K=0$ 时,记忆钻孔资料而不执行钻孔。

表 5-8　孔加工 G 指令固定循环动作表

G 码	钻孔(−Z 方向)	孔底位置的动作	逃离动作	用途
G73	中间进给	—	快速进给	高速啄式深孔钻循环
G74	进　给	暂停—主轴正转	进　给	攻左牙循环
G76	进　给	主轴定位停止	快速进给	精镗孔循环
G80				取　消
G81	进　给	—	快速进给	钻孔循环,点钻孔循环
G82	进　给	—	快速进给	钻孔循环,反镗孔循环
G83	中间进给	—	快速进给	啄式钻孔循环
G84	进　给	暂停—主轴逆转	快速进给	攻牙循环
G85	进　给	—	进　给	镗孔循环

续表 5-8

G 码	钻孔(-Z 方向)	孔底位置的动作	逃离动作	用途
G86	进　给	主轴停止	快速进给	镗孔循环
G87	进　给	主轴正转	快速进给	反镗孔循环
G88	进　给	暂停—主轴停止	手　动	镗孔循环
G89	进　给	暂　停	进　给	镗孔循环

因为钻孔模式(G_)保持不变,直到指定其他钻孔模式或用 G 码取消固定循环为止,当继续进行相同钻孔模式时,不需要在每个单节指定。G80 及 01 群的 G 码用于取消固定循环。一旦在固定循环指定钻孔资料,它将保持到被变更或取消固定循环为止。所以,当固定循环开始时必须指定全部所需资料,只有变更的资料在循环中指定。

重复次数 K 只在动作必须重复时指定。在固定循环中系统重新设定时,钻孔模式、钻孔资料、孔位置资料及重复次数都取消。

三、固定孔循环应用实例

如图 5-26 所示,加工方板上有 13 个直径不同、深度不同的孔,所用刀具及加工程序如下:

在加工过程中,由于所用三把刀的长度不同,故需设定刀具长度补偿。T11 号刀具长度补偿量设定为＋200.0,则 T15 号刀具长度补偿量为＋190.0,T13 号刀具长度补偿量为＋150.0,加工程序如表 5-9 所示。

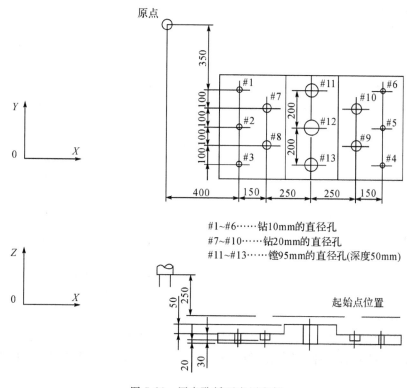

#1~#6……钻10mm的直径孔
#7~#10……钻20mm的直径孔
#11~#13……镗95mm的直径孔(深度50mm)

图 5-26　固定孔循环应用实例

表 5-9　固定孔循环实例

序号	程序	说明
N0010	G92　X0　Y0　Z0	在原点设定坐标系
N0020	G90　G00　Z250.0　T11　M6	换刀
N0030	G43　Z0　H11	起始点位置,刀具长度补偿
N0040	S30　M03	主轴转动
N0050	G99　G81　X400.0　Y−350.0　Z−153.0　R−97.0	快速定位后♯1钻孔,复归到R点位置
	F120	
	Y−550.0	
N0060	G98　Y−750.0	快速定位后♯2钻孔,复归到R点位置
N0070	G99　X1200.0	快速定位后♯3钻孔,复归到起始点位置
N0080	Y−150.0;	快速定位后♯4钻孔,复归到R点位置
N0090	G98　Y−350.0	快速定位后♯5钻孔,复归到R点位置
N0100	G00　X0　Y0　M5	快速定位后♯6钻孔,复归到起始点位置
N0110	G49　Z250.0　T15　M06	原点复归,主轴停止
N0120	G43　Z0　H15	刀具长度补偿取消,换刀
N0130	S20　M03	起始点位置,刀具长度补偿
N0140	G99　G82　X550.0　Y−450.0　Z−130.0　R−97.0	主轴转动
	P300	
N0150	F70	快速定位后♯7钻孔,复归到R点位置
	G98　Y−650.0	
N0160	G99　X1050.0	快速定位后♯8钻孔,复归到起始点位置
N0170	G98　Y−450.0	快速定位后♯9钻孔,复归到R点位置
N0180	G00　X0　Y0　M05	快速定位后♯10钻孔,复归到起始点位置
N0190	G49　Z250.0　T15　M06	原点复归,主轴停止
N0200	G43　Z0　H31	刀具长度补偿取消,换刀
N0210	S10　M03	起始点位置,刀具长度补偿
N0220	G85　G99　X800.0　Y−350.0　Z−153.0　R47.0	主轴转动
	F50	
N0230	Y−200.0	快速定位后♯11钻孔,复归到R点位置
	G98　Y−200.0	
N0240	G00　X0　Y0　M05	快速定位后♯12钻孔,复归到R点位置
N0250	G49　Z0	快速定位后♯13钻孔,复归到起始点位置
N0260	N28　M30	原点复归,主轴停止
N0270		刀具长度补偿取消
N0280		程序结束

不同数孔系统 G 代码种类会有所差别,表 5-10 为 FANUC 0-MC 系统 G 指令的具体含义。

表 5-10 FANUC 0-MC 系统 G 指令

G 码	群	功能
G00☆		快速定位(快速进给)
G01☆	01	直线切削(切削进给)
G02		圆弧切削(CW)
G03		圆弧切削(CCW)
G04		暂停、正确停止
G09	00	正确停止
G10		资料设定
G11		资料设定模式取消
G15	17	极坐标指令取消
G16		极坐标指令
G17☆		XY 平面选择
G18	02	ZX 平面选择
G19		YZ 平面选择
G20	06	英制输入
G21		米制输入
G22☆		内藏行程检查功能 ON
G23		内藏行程检查功能 OFF
G27		原点复位检查
G28	00	原点复位
G29		从参考原点复位
G30		第二原点复位
G31		跳跃功能
G33	01	螺纹切削
G39	00	转角补正圆弧切削
G40☆		刀具半径补正取消
G41	07	刀具半径补正　左侧
G42		刀具半径补正　右侧
G43		刀具长补正　＋方向
G44		刀具长补正　－方向
G45		工具位置补正伸长
G46	00	工具位置补正缩短
G47		工具位置补正两倍伸长
G48		工具位置补正两倍缩短
G49☆	08	刀具长补正取消

续表 5-10

G 码	群	功能
G50	11	缩放比例取消
G51		缩放比例
G52		特定坐标系设定
G53		机械坐标系选择
G54☆	14	工件坐标系统 1 选择
G55		工件坐标系统 2 选择
G56		工件坐标系统 3 选择
G57		工件坐标系统 4 选择
G58		工件坐标系统 5 选择
G59		工件坐标系统 6 选择
G60	00	单方向定位
G61	15	确定停止模式
G62		自动转角进给率调整模式
G63		攻牙模式
G64		切削模式
G65	12	自设程序群呼出
G66		自设程序群状态呼出
G67		自设程序群呼出取消
G68	16	坐标系旋转
G69		坐标系旋转取消
G73	09	啄式钻孔循环
G74		反攻牙循环
G76		精镗孔循环
G80☆		固定循环取消
G81		钻孔循环、钻镗孔
G82		钻孔循环、反镗孔
G83		啄式钻孔循环
G84		攻牙循环
G85		镗孔循环
G86		镗孔循环
G87		反镗孔循环
G88		镗孔循环
G89		镗孔循环

G 码	群	功能
G90☆	03	绝对指令
G91☆		增量指令
G92	00	坐标系设定
G94	05	每分钟进给
G95☆		未使用
G96☆	13	周速一定控制
G97☆		周速一定控制取消
G98	04	固定循环中起始点复位
G99		固定循环中 R 点复位

注:(1)☆记号。G 码在电源开时是这个 G 码状态。对 G20 及 G21,保持电源关以前的 G 码。G00、G01、G90、G91 可用参数设定选择。

(2)群 00 的 G 码不是状态 G 码。它们仅在所指定的单步有效。

(3)如果输入的 G 码一览表中未列入的 G 码,或指令系统中无特殊功能 G 码时会显示警示(No.010)。

(4)在同一单步中指定几个 G 码。同一单步中指定同一群 G 码一个以上时,最后指定的 G 码有效。

(5)如果在固定循环模式中指定群 01 的任何 G 码,固定循环会自动取消,成为 G80 状态。但是 01 群的 G 码不受任何固定循环的 G 码影响。

5.3.9 坐标系旋转功能指令

格式:G68 X～Y～R～

      ……

     G69

坐标系旋转功能指令 G68、G69 可使编程图形按照指定旋转中心及旋转方向旋转一定的角度,G68 表示开始坐标系旋转,G69 用于撤销旋转功能。

编程格式:G68 X～Y～R～

      ……

     G69

式中,X、Y——旋转中心的坐标值(可以是 X、Y、Z 中的任意两个,它们由当前平面选择指令 G17、G18、G19 中的一个确定)。当 X、Y 省略时,G68 指令认为当前的位置即为旋转中心。

R——旋转角度,逆时针旋转定义为正方向,顺时针旋转定义为负方向。

当程序在绝对方式下时,G68 程序段后的第一个程序段必须使用绝对方式移动指令,才能确定旋转中心。如果这一程序段为增量方式移动指令,那么系统将以当前位置为旋转中心,按 G68 给定的角度旋转坐标。

旋转指令编程能使刀具加工出绕定义点旋转特定角度的分布模式、轮廓或者型腔。数控系统有了该功能后,编程过程就变得更为灵活和有效。这一功能强大的编程特征通常是特殊的系统选项,称为坐标系旋转或坐标旋转。坐标旋转最重要的应用之一是当工件的定义与坐标轴正交,但加工需要一定的角度时(根据图纸说明的需求),正交模式定义了水平和竖直方向,也就是说刀具运动平行于机床主轴。正交模式的编程比计算倾斜方向上各轮廓拐点的位置要容易得多,比较图5-25所示的两个矩形后可知:

图5-27(a)所示为正交的矩形,图5-27(b)所示是沿逆时针方向旋转10°后的相同矩形。手动编写(a)图的程序非常容易,而且可以通过选择指令将刀具路径转换为(b)图的轨迹。坐标旋转功能是一个特殊选项,它是数控系统中不可或缺的一部分。坐标旋转功能只需要三个要素(旋转中心、旋转角度以及旋转的刀具路径)来定义旋转工件。

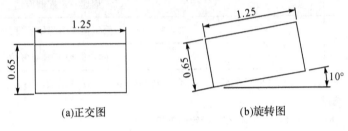

图5-27 初始的正交图和旋转图

说明:

(1)在坐标系旋转取消指令(G69)以后的第一个移动指令必须用绝对值指定。如果采用增量值指令,则不执行正确的移动。

(2)数控数据处理的顺序是:程序镜像→比例缩放→坐标系旋转→刀具半径补偿。所以在指定这些指令时,应按顺序指定,取消时,按相反顺序。在旋转指令或比例缩放指令中不能指定镜像指令,但在镜像指令中可以指定比例缩放指令或坐标系旋转指令。

(3)在指定平面内执行镜像指令时,如果在镜像指令中有坐标系旋转指令,则坐标系旋转方向相反。即顺时针变成逆时针,相应地逆时针变成顺时针。

(4)如果坐标系旋转指令前有比例缩放指令,则坐标系旋转中心也被缩放,但旋转角度不被比例缩放。

注意事项:

(1)在坐标系旋转编程过程中,如需采用刀具补偿指令进行编程,则需在指定坐标系旋转指令后再指定刀具补偿指令,取消时,按相反顺序取消。

(2)在坐标系旋转方式中,不能指定返回参考点指令(G27－G30)和改变坐标系指令(G54－G59,G92)。如果要指定其中的某一个,则必须在取消坐标系旋转指令后指定。

(3)采用坐标系旋转编程时,要特别注意刀具的起点位置,以防加工过程中产生过切现象。

旋转平面一定要包含在刀具半径补偿平面内。加工如图5-28所示零件,使用半径为$R5$的立铣刀,程序如表5-11所示。

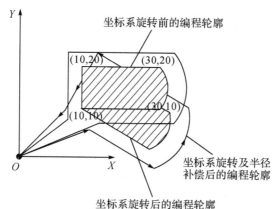

图 5-28　坐标旋转

表 5-11　坐标系旋转功能指令(I、J 编程)的应用

序号	绝对值编程
N0010	G92 X0 Y0
N0020	G68 G90 X10 Y10 R−30
N0030	G90 G42 G00 X10 Y10 F100 H01
N0040	G91 X20
N0050	G03 Y10 I−10 J 5
N0060	G01 X−20
N0070	Y−10
N0080	G40 G90 X0 Y0
N0090	G69 M30

当选用半径为 R5 的立铣刀时,设置:H01=5。

编制如图 5-29 所示,旋转功能程序。

04004;(主程序)

N10 G17 G90 G54 G94;

N20 M03 S800 F100;

N30 M98 P4005;

N40 G68 X0 Y0 R45;

N50 M98 P4005;

N60 G69;

N70 G68 X0 Y0 R90;

N80 M98 P4005;

N90 G69;

N100 M30;

%

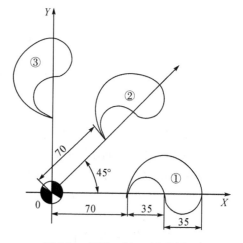

图 5-29　旋转 45°和 90°编程图

04005;(子程序)

N10 G90 G01 X70 Y0 F100;

N20 G02 X105 Y0 I17.5;

N30 G03 X140 Y0 I17.5;

N40 X70 Y0 I−17;

N50 G00 X0 Y0;

N60 M99;

%

对于某些围绕中心旋转得到的特殊轮廓加工来说,如果根据旋转后的实际加工轨迹进行编程,坐标计算的工作量非常大,而通过图形旋转功能,则可以大大简化编程的工作量。

5.3.10 比例功能指令

比例及镜向功能可使原编程尺寸按指定比例缩小或放大,也可让图形按指定规律产生镜像变换。

G51 为比例编程指令,G50 为撤销比例编程指令。G50、G51 均为模式 G 代码。

编程格式:G51 X~Y~Z~P~

······

　　G50

式中,X、Y、Z——比例中心坐标(绝对方式);

　　P——比例系数,最小输入量为 0.001,比例系数的范围为 0.001~999.999。该指令以后的

　　　　移动指令,从比例中心点开始,实际移动量为原数值的 P 倍。P 值对偏移量无影响。

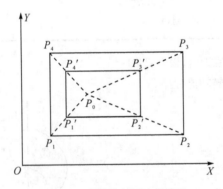

图 5-30　各轴按相同比例编程

例如,在图 5-30 中,P_1~P_4 为原编程图形,$P_1{}'$~$P_4{}'$ 为比例编程后的图形,P_0 为比例中心。各个轴可以按不同比例来缩小或放大,当给定的比例系数为−1时,可获得镜像加工功能。

编程格式:G51　X~Y~Z~I~J~K~

······

　　G50

式中,X、Y、Z——比例中心坐标;

　　I、J、K——对应 X、Y、Z 轴的比例系数,在±0.001~±9.999 范围内。本系统设定 I、J、

　　　　K 不能带小数点,比例为 1 时,应输入 1000,并在程序中都应输入,不能省

略。比例系数与图形的关系如图 5-31 所示。其中,b/a 为 X 轴系数;d/c 为 Y 轴系数;O 为比例中心。

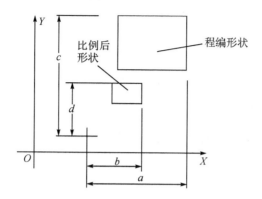

图 5-31　各轴以不同比例编程

5.3.11　镜像功能指令

镜像功能可以对称地重复任何次序的加工操作,该编程技术不需要新的计算,所以可缩短编程时间,同时也减少出现错误的可能性。镜像有时候也称为轴倒置功能,这一描述在某种程度上来说是精确的,虽然镜像模式下机床主轴确实是倒置的,但同时也会发生其他的变化,这样一来"镜像"的描述就更为准确。镜像是基于对称工件的原则,有时也称为右手(R/H)或左手(L/H)原则。

镜像编程需要了解最基本的直角坐标系,尤其是在各象限里的应用,同时也要很好地掌握圆弧插补和刀具半径补偿的使用。

举例来说明镜像功能的应用,如图 5-32 和程序 O4006(主程序)O4007(子程序)所示,实现镜像轨迹模拟。

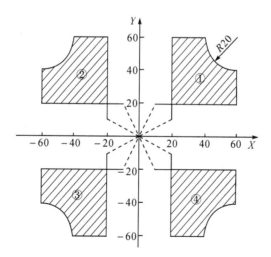

图 5-32　镜像轨迹模拟图例

O4006；（主程序）
N10 G90 G54 G00 X0 Y0 Z100；

```
N20 G91 G17 M03 S600；
N30 M98 P4007；          加工①
N40 G51. 1 X0；          Y 轴镜像,镜像位置为 X＝0
N50 M98 P4007；          加工②
N60 G50. 1 X0；
N70 G51. 1 X0 Y0；        X、Y 轴镜像,镜像位置(0,0)
N80 M98 P4007；          加工③
M90 G50. 1 X0 Y0
N100 G5l. 1 Y0；          X 轴镜像,镜像位置为 Y＝0
N110 M98 P4007；         加工④
N120 G50. 1 Y0；
N130 M30；
%
O4007；(子程序)
N10 G41 G00 X20 Y10 D0l；
N20 Z－98；
N30 G01 Z－7 F100
N40 Y50；
N50 X20；
N60 G03 X20 Y－20 120；
N70 G01 Y－20；
N80 X－50；
N90 G00 Z15；
N100 G40 X－10 Y－20；
N110 M99；
%
```

5.3.12　缩放指令功能指令

数控铣床编程的刀具运动在刀具半径偏置有效的情况下通常和图纸尺寸是一致的。有时需要重复已编写的刀具运动轨迹,但尺寸大于或小于初始加工轮廓,即和原来的刀具轨迹保持一定的比例。为实现这一目的,可使用比例缩放功能。

为了使编程更为灵活,比例缩放功能可以与其他功能同时使用,通常是前面几个任务中介绍的内容:基准移动、镜像、坐标系旋转。

说明:

(1)比例缩放中的刀具半径补偿问题。在编写比例缩放程序过程中,要特别注意建立刀补程序段的位置。通常,刀补程序段应写在缩放程序段内。

(2)比例缩放中的圆弧插补在比例缩放中进行圆弧插补:如果进行等比例缩放,则圆弧半径也相应缩放相同的比例;如果指定不同的缩放比例,则刀具不会走出相应的椭圆轨迹,仍将进行圆弧的插补,圆弧的半径根据 I、J 中的较大值进行缩放。

注意事项：

(1)比例缩放的简化形式。如将比例缩放程序"G51 X_Y_Z_P_;"或"G51 X_Y_Z_I_J_K_;"简写成"G51;"，则缩放比例由机床系统参数决定，而缩放中心则指刀具刀位点的当前所处位置。

(2)比例缩放对固定循环中 Q 值与 d 值无效。在比例缩放过程中，有时我们不希望进行 Z 轴方向的比例缩放。这时，可修改系统参数，以禁止在 Z 轴方向上进行比例缩放。

(3)比例缩放对工件坐标系零点偏移值和刀具补偿值无效。

(4)在缩放状态下，不能指定返回参考点的 G 指令(G27—G30)，也不能指定坐标系设定指令(G52—G59，G92)。若一定要指令这些 G 代码，应在取消缩放功能后指定。

带有圆角的矩形零件(图 5-33)，利用比例缩放指令进行缩放后加工如图 5-34 和程序 O1013(主程序)、O7001(子程序)所示。

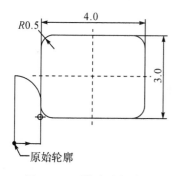

图 5-33　原始大小轮廓图

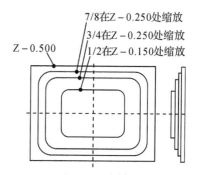

图 5-34　三个深度上的缩放轮廓图

O1013(主程序)

N1 G20;

N2 G50;　　　　　　　　　　　　　　　(比例取消)

N3 G17 G40 G80 D01;

N4 M06;

N5 G90 G54 G00 X−1.0 Y−1.0 S2500 M03;

N6 G43 Z0.5 H01 M08;

N7 G01 Z−0.125 F120;　　　　　　　(设置深度)

N8 G51 I2.0 J1.5 P0.5;　　　　　　(在 Z−0.125 位置缩放 0.5 倍)

N9 M98 P7001;　　　　　　　　　　　(加工正常轮廓)

N10 G01 Z−0.25;　　　　　　　　　　(设置深度)

N11 G51 I2.0 J1.5 P0.75;　　　　　(在 Z−0.250 位置缩放 0.75 倍)

N12 M98 P7001;　　　　　　　　　　　(加工正常轮廓)

N13 G01 Z−0.35;　　　　　　　　　　(设置深度)

N14 G51 I2.0 J1.5 P0.875;　　　　　(在 Z−0.350 位置缩放 0.875 倍)

N15 M98 P7001;　　　　　　　　　　　(加工正常轮廓)

N16 M09;

N17 G28 Z0.5 M05;

N18 G00 X−2.0 Y10.0;

N19 M30；

%

O7001（子程序）

N701 G01 G41 X0；

N702 Y2.5 F100；

N703 G02 X0.5 Y3.0 R0.5；

N704 G01 X3.5；

N705 G02 X4.0 Y2.5 R0.5；

N706 G01 Y0.5；

N707 G02 X3.5 Y0 R0.5；

N708 G01 X0.5；

N709 G02 X0 Y0.5 R0.5；

N710 G03 X-1.0 Y1.5 R1.0；

N711 G01 G40 Y-1.0 F15.0；

N712 G50；   （比例缩放"关"）

N713 X-1.0 Y-1.0；   （返回初始点）

N714 M99；

%

比例缩放功能具有很多可能性，通常要检查相关的系统参数以确保程序正确反映系统设置，不同的数控系统之间存在很大的区别。

编程如图 5-35 所示，三角形 ABC 中，顶点为 $A(30,40)$，$B(70,40)$，$C(50,80)$，若缩放中心为 $D(50,30)$，则缩放程序为：

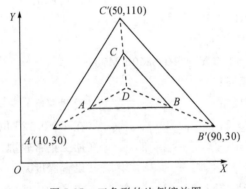

图 5-35　三角形的比例缩放图

O0915

…

N22　G51　X50　Y50　P2

…

N99　M30

%

在数控编程中,有时在对应坐标轴上的值是按固定的比例系数进行放大或缩小的,为了编程方便,可采用比例缩放指令来进行编程。

5.4　M 指令应用

M 指令是控制机床"开关"功能的指令,主要用于完成加工操作时的辅助动作。常用的 M 指令功能应用如下。

5.4.1　程序停止指令 M00

在执行完含有 M00 的程序段后,机床的主轴、进给及冷却液都自动停止。该指令用于加工过程中测量工件的尺寸、令工件调头、手动变速等固定操作。当程序运行停止时,全部现存的模态信息保持不变,固定操作完成后,重按"启动"键,便可继续执行后续的程序。

5.4.2　计划(任选)停止指令 M01

该指令与 M00 基本相似,所不同的是只有在"任选停止"按键被按下时,M01 才有效,否则机床仍不停地继续执行后续的程序段,该指令常用于工件关键尺寸的停机抽样检查等情况,当检查完成后,按启动键继续执行以后的程序。

5.4.3　程序结束指令 M02

当程序全部结束后,用此指令使主轴、进给、冷却全部停止,并使机床复位。该指令必须出现在程序的最后一个程序段中。

5.4.4　主轴正转、反转、停止指令

格式：$\left.\begin{matrix} M03 \\ M04 \end{matrix}\right\}$ S_ 或 S_ $\left\{\begin{matrix} M03 \\ M04 \end{matrix}\right.$

主轴正反向判断法则:主轴轴线向正 Z 方向看,顺时针为正转,逆时针为反转。M05 指令使主轴停止,在该程序段其他指令执行完成后才停止。

主轴速度用字母 S 及 S 后面的数字表示,其表示方法有三种:

(1)转速。S 表示主轴转速,单位为 r/min。

(2)线速。在恒线速状态下,S 表示切点的线速度,单位为 m/min。

(3)代码。用代码表示主轴速度时,S 后面的数字不直接表示转速或线速的数值,而只是主轴速度的代号。如某机床用 S00～S99,表示 100 种转速,S40 表示转速为 1200r/min,S41 表示转速 1230r/min,S0 表示转速为 0,S99 表示最高转速。

M 功能代码常因机床生产厂家以及机床的结构的差异和规格的不同而有所差别。表 5-12 为 FANUC 0-MC 系统 M 指令的具体含义。

表 5-12　为 FANUC　0-MC 系统 M 指令

☆#	M码	功　能　说　明	
EB	M00	PROGRAM STOP	程序暂停
EB	M01	OPTIONAL STOP	选择性停止
EB	M02	END OF PROGRAM & RESET	程序结束且重置
SB	M03	SPINDLE CLOCKWISE ROTATION	主轴正转
SB	M04	SPINDLE COUNTER CLOCKWISE ROTATION	主轴反转
EB	M05	SPINDLE STOP	主轴旋转停止
EB	M06	SIPNDLE AUTO TOOL CHANGE	主轴自动换刀
SB	M08	FOOLD COOLANT TURN ON	主轴喷水冷却
EB	M09	ALL COOLANT TURN OFF	关闭所有冷却
SO	M10	4TH AXIS CLAMP	第四轴油压阀开
SO	M11	4TH AXIS UNCLAMP	第四轴油压阀关
SB	M13	SPINDLE CW & FLOOD COOLANT TURN ON	主轴正转且喷水冷却
SB	M14	SPINDLE CCW % FLOOD COOLANT TURN ON	主轴反转且喷水冷却
EB	M15	SPINDLE % FLOOD COOLANT TURN OFF	主轴和喷水冷却停止
SB	M19	SPINDLE ORIENTATION	主轴定位
SO	M29	RIGID TAPPING MODE	刚性攻牙
EB	M30	END OF PROGRAM % REWIND	程序结束重置且回到程序起点
SO	M57	MIRROR OFF	镜像功能关
SO	M58	X AXIS MIRROR	X 轴镜像开
SO	M59	Y AXIS MIRROR	Y 轴镜像开
SB	M69	ATC MACRO FINISH	完成自动换刀
SB	M70	ATC MACRO START	开始自动换刀
SO	M81	1ST RESERVE M CODE TURN ON	第一个辅助 M 码开
EO	M82	1ST RESERVE M CODE TURN OFF	第一个辅助 M 码关
SO	M83	2ND RESERVE M CODE TURN ON	第二个 M 码开
EO	M84	2ND RESERVE M CODE TURN OFF	第二个 M 码关
EB	M93	MAGANIZE TOOL NO. CHANGE	修改刀库刀号
EB	M94	ATC ARM TOOL NO. CHANGE	修改换刀臂刀号
EB	M95	SPINDLE TOOL NO. CHANGE	修改主轴刀号
EB	M98	SUB—PROGRAM CALLING	呼叫子程序
SB	M99	RETURN TO MAIN PROGRAM	返回主程序

注：☆行标　S 表示 M 码在该单节位移指令执行前就操作。

　　　　　　E 表示 M 码在该单节位移指令执行后就操作。

　　♯行标　B 表示 M 码是基本功能。

　　　　　　O 表示 M 码是选择功能。

5.4.5 M98、M99 子程序调用和结束指令

数控系统必须将子程序作为独特的程序类型(而不是主程序)进行识别,这一区分可通过两个辅助功能完成,它们通常只应用于子程序,分别是 M98 和 M99(表 5-13)。

表 5-13　子程序功能

M98	子程序调用功能
M99	子程序结束功能

子程序调用功能 M98 后必须跟有子程序号"P _____",子程序结束功能 M99 终止子程序并从它所定位的地方(主程序或子程序)继续执行程序。虽然 M99 大多用于结束子程序,但有时也可以替代 M30 用于主程序,这种情况下程序将永不停歇地执行下去,直到按下复位键为止。

编程时,为了简化程序的编制,当一个工件上有相同的加工内容时,常用调用子程序的方法进行编程。调用子程序的程序叫作主程序。子程序的形式和组成与主程序大体相同,第一行是子程序编号(名),最后一行是子程序结束指令,它们之间是子程序体。不同的是主程序结束指令的作用是结束主程序,让数控系统复位,其指令已标准化,各系统都用 M02 或 M30,子程序结束指令的作用是结束子程序,返回主程序或上一层子程序。其指令字各系统很不统一,如 FANUC 系统用 M98 作为子程序调用指令字,用 M99 作为子程序结束,即返回指令字。而有的系统用 G20 作为子程序调用指令字,用 G24 作为子程序结束指令字。所以具体应用时,需参照所用数控系统的编程说明书。

如 FANUC 系统调用子程序的指令格式为:

M98 P _____;

程序段中 P 表示子程序调用情况。P 后共有 8 位数字,前 4 位为调用次数,省略时为调用一次;后 4 位为所调用的子程序号。例如:M98 P00021000 表示调用程序号为 O1000 的子程序 2 次。

程序的执行过程是:首先执行主程序,执行过程中遇到"调用子程序"指令时,转入执行子程序;执行完子程序,遇到"返回主程序"指令,又返回执行主程序。由于子程序可以嵌套,所以子程序执行后"返主"只能返回调用它的程序,而并不一定返回"主程序"。主程序既可以调用多个子程序,又可以反复调用同一个子程序。

一、M98 子程序调用

M98 指令在另一个程序中调用前面已经存储的子程序,如果在单独程序段中使用 M98 将会出现错误,M98 不是一个完整的功能,需要两个附加参数使其有效。

(1)地址 P:识别所选择的子程序号。

(2)地址 L 或 K:识别子程序重复次数(L1 或 K1 是缺省值)。

例如,常见的子程序调用程序段包括 M98 功能和子程序号:

N22 M98 P0915

程序段 N22 中从数控存储器中调用子程序 O0915 并且重复执行一次 L1(K1),子程序在被另一个程序调用前必须存储在数控系统中。

调用子程序的 M98 程序段也可能包含附加指令,如快速运动、主轴转速、进给率、刀具

半径偏置等。大多数数控系统中，与子程序调用位于同一程序段中的数控代码会在子程序中得到应用。下例中子程序调用程序段包含快速移动功能。

N22 G00 X10 Y13 M98 P0915；

程序段先执行快速运动，然后调用子程序，程序段中代码的先后顺序对程序运行没有影响。

N22 M98 P0915 G00 X10 Y13；

以上程序段会得到相同的运行结果，快速移动在调用子程序之前进行。

二、G99 子程序结束

主程序和子程序在数控系统中必须由不同的程序号进行区别，它们在运行时会作为一个连续的程序进行处理，所以必须对程序结束功能加以区别。主程序结束功能 M30，有时也使用 M02，子程序一般使用 M99 作为结束功能：

O0915　　（子程序 1）　　子程序开始

…

M99　　　　　　　　　　子程序结束

%

子程序结束后，系统控制器将返回主程序继续运行程序。附加的数控代码也可以添加到 M99 子程序结束程序段中，例如程序跳选功能、返回上程序号，等等，子程序结束很重要，必须正确使用，它有两个重要指令传送到控制系统：

（1）终止子程序。

（2）返回到子程序调用的下一个程序段。

在数控加工中不能使用程序结束功能 M30（M02）终止子程序，它会立即取消所有程序运行并使程序复位，这样就会使主程序中的后续程序不能运行。通常子程序结束 M99 会立即返回子程序调用指令 M98 之后的主程序段继续运行程序，如图 5-36 所示。

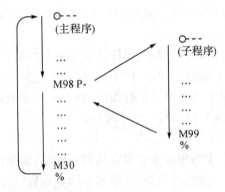

图 5-36　具有一个子程序的程序处理流程

5.4.6　M30 程序结束并返回指令

与 M02 功能基本相同，不同之处在于 M30 指令使程序段执行顺序指针返回到程序开头位置，以便继续执行同一程序，为加工下一个工件做好准备。使用 M30 的程序结束后，若要重新执行该程序只需再次按操作面板上的循环启动键。

5.4.7　F、S、T 指令

一、进给功能指令(F 指令)

进给功能用于指定进给速度,F 后的数字直接指令进给速度值。对于车床,可分为每分钟进给(mm/min)和主轴每转进给(mm/r)两种,一般用 G94、G95 规定;对于车床以外的控制,一般只用每分钟进给。F 值可以通过机床操作面板上的进给速度倍率开关进行修调。当执行攻螺纹循环 G84、螺纹切削 G33 指令时,倍率开关失效,进给倍率固定在 100%。

二、主轴转速功能指令(S 指令)

主轴转速功能指令用来指定主轴的转速,单位 r/min,指定的速度可以通过机床操作面板上的主轴转速倍率开关进行修调。S 指令是模态指令,只有在主轴速度可调节时有效。

三、刀具功能指令(T 指令)

指令格式:T××××

T 之后的数字分 2,4,6 位三种。对于 4 位数字的来说,一般前两位数字代表刀具(位)号,后两位代表刀具补偿号。

在加工中心上执行 T 指令,使刀库转动选择所需的刀具,然后等待执行 M06 指令自动完成换刀。T 指令同时调入刀补寄存器中的刀补值(刀补长度和刀补半径)。

T 指令为非模态指令,但被调用的刀补值一直有效,直到再次换刀调入新的刀补值。

5.5　数控铣手工编程实例

5.5.1　G50.1 和 G51.1 指令编程实例

用可编程的镜像指令 G50.1 和 G51.1 可实现坐标轴镜像的对称加工,如图 5-37 所示。

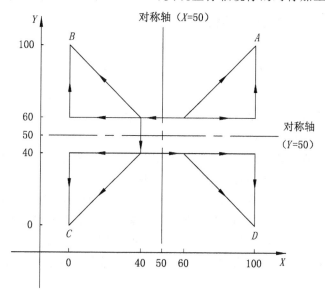

图 5-37　镜像对称加工图例

A 为程序编制的图像;B 图像的对称轴与 Y 平行,并与 Y 轴在 $Y=50$ 处相交;C 图像对称在点$(50,50)$;D 图像的对称轴与 X 平行,并与 Y 轴在 $Y=50$ 处相交。

指令格式:G51.1　X_Y_Z_；　设置可编程镜像

　　　　　…；　　　　　根据 G51.1　X_Y_Z_.指定的对称轴

　　　　　…；　　　　　生成在这些程序段中指定的镜像

　　　　　G50.1　X_Y_Z_；　取消可编程镜像

指令说明:

(1)在指定平面内执行镜像指令时,如果程序中有圆弧指令,则圆弧的旋转方向相反,即 G02 变成 G03,相应地 G03 变成 G02。

(2)在指定平面内执行镜像指令时,如果程序中有刀具半径补偿指令,则刀具半径补偿的偏置方向相反,即 G41 变成 G42,G42 变成 G41。

(3)在指定平面内执行镜像指令时,如果程序中有坐标系旋转指令,则坐标系旋转方向相反。即顺时针变成逆时针,逆时针变成顺时针。

(4)数控系统数据处理的顺序是从程序镜像到比例缩放到坐标系旋转,所以在指定这些指令时,应按顺序指定,取消时,按相反顺序。在旋转方式或比例缩放方式不能指定镜像指令 G50.1 或 G51.1 指令。但在镜像指令中可以指定比例缩放指令或坐标系旋转指令。

(5)在可编程镜像方式中,不能指定返回参考点指令(G27,G28,G29,G30)和改变坐标系指令(G54—G59,G92)。如果要指定其中的某一个,则必须在取消可编程镜像后指定。

(6)在使用镜像功能时,由于数控铣床的 Z 轴一般安装有刀具,所以,Z 轴一般都不进行镜像加工。

注意事项:

(1)在深孔钻 G83、G73 时,切深(Q)和退刀量(R)不使用镜像。

(2)在精镗(G76)和背镗(G87)中,移动方向不使用镜像。

(3)在使用中,对连续形状不使用镜像功能,走刀中有接刀,使轮廓不光滑。

5.5.2　G68 和 G69 指令编程实例

一、指令格式

G68——坐标系旋转"开",G69——坐标系旋转"关"。

二、指令说明

(1)在坐标系旋转取消指令(G69)以后的第一个移动指令必须用绝对值指定。如果采用增量值指令,则不能执行正确的移动。

(2)数控数据处理的顺序是:程序镜像→比例缩放→坐标系旋转→刀具半径补偿。所以在指定这些指令时,应按顺序指定,取消时,按相反顺序。在旋转指令或比例缩放指令中不能指定镜像指令,但在镜像指令中可以指定比例缩放指令或坐标系旋转指令。

(3)在指定平面内执行镜像指令时,如果在镜像指令中有坐标系旋转指令,则坐标系旋转方向相反。即顺时针变成逆时针,相应地,逆时针变成顺时针。

(4)如果坐标系旋转指令前有比例缩放指令,则坐标系旋转中心也被缩放,但旋转角度不被比例缩放。

注意事项：

（1）在坐标系旋转编程过程中，如需采用刀具补偿指令进行编程，则需在指定坐标系旋转指令后再指定刀具补偿指令，取消时，按相反顺序取消。

（2）在坐标系旋转方式中，不能指定返回参考点指令（G27－G30）和改变坐标系指令（G54－G59，G92）。如果要指定其中的某一个，则必须在取消坐标系旋转指令后指定。

（3）采用坐标系旋转编程时，要特别注意刀具的起点位置，以防加工过程中产生过切现象。

三、指令实例

带有圆角的矩形零件（图 5-38），利用坐标旋转指令进行角度旋转后加工如图 5-39 和程序 O1013 所示。如果程序原点不旋转，则只包括 G68 和 G69 指令之间的工件轮廓加工路径，而不包括刀具趋近或退回运动。同时也要注意程序段 N2 中的 G69，这里为了安全而使用旋转取消。

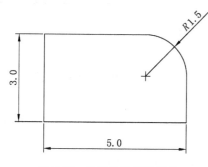

图 5-38　带圆角的矩形零件

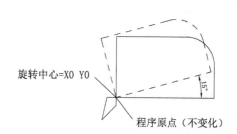

图 5-39　旋转 15°编程图

参考程序：

O1013；

N1 G20；

N2 G69；　　　　　　　　　　　　　　　（取消旋转）

N3 G17 G80 G40；

N4 G90 G99 G54 G00 X0 Y0 S2200 M03；

N5 G43 Z1 H01 M08；

N6 G01 Z－0.22 F0.3；

N7 G68 X－1 Y－1 R15；

N8 G41 X－0.5 Y－0.5 D01 F0.5；

N9 Y3；

N10 X3.5；

N11 G02 X5 Y1.5 R1.5；

N12 G01 Y0.5；

N13 X－0.5；

N14 G40 X－1 Y－1 M09；

N15 G69；　　　　　　　　　　　　　　　（取消旋转）

N16 G28 X－1 Y－1 Z1 M05；

N17 M30；

％

本例中的程序段 N8 包含刀具半径补偿 C41。进行坐标旋转时，会包括任何编程的刀具偏置或补偿在内。

对于某些围绕中心旋转得到的特殊轮廓加工来说，如果根据旋转后的实际加工轨迹进行编程，就可能使坐标计算的工作量大大增加。而通过图形旋转功能，可以大大简化编程的工作量。

5.5.3 G15 和 G16 指令编程实例

一、指令格式

如表 5-14 所示，G15——取消极坐标指令，G16——极坐标指令。

表 5-14	
G15	取消极坐标指令
G16	极坐标指令

终点的坐标值可以用极坐标（半径和角度）输入。角度的正向是所选平面的第一轴正向的逆时针转向，而负向是沿顺时针转动的转向。半径和角度两者可以用绝对值指令或增量值指令（G90、G91）。

二、指令说明

（1）设定工件坐标系零点作为极坐标系的原点。用绝对值编程指令指定半径（零点和编程点之间的距离）。

（2）设定当前位置作为极坐标系的原点。用增量值编程指令指定半径（当前位置和编程点之间的距离）。

（3）用绝对值指令指定角度和半径。X——半径值，Y——角度值。

（4）用增量值指令指定角度和绝对值指令指定极径。G90、G91 混合编程。

（5）限制在极坐标方式中，对于圆弧插补或螺旋线切削（G02、G03）用 R 指定半径。在极坐标方式中不能指定任意角度倒角和拐角圆弧过渡。

三、指令实例

编制如图 5-40 所示八边形的极坐标指令功能程序。

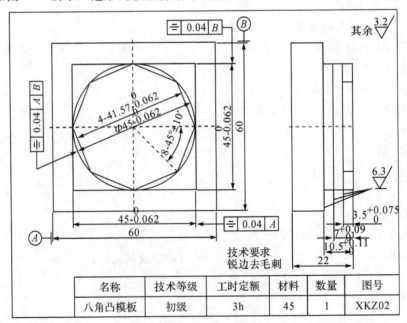

图 5-40 八角凸模板工件图

N10 G54 G40 G90;

N20 M3 S1000;

N30 G01 Z100;

N40 G01 X22.5 Y0;

N50 G01 Z5;

N60 G01 Z−3.5 F200;

N70 G90 G17 G16;

N80 G01 X22.5 Y45;

N90 Y90;

N10 Y135;

N110 Y180;

N120 Y225;

N130 Y270;

N140 Y315;

N150 Y360;

N160 G15 G00 Z100;

N170 M05;

N180 M30;

%

5.5.5 G00、G01、G02 和 G03 指令编程实例

一、快移进给 G00

指令格式:G00 X_Y_Z_

指令说明:X、Y、Z 定位终点坐标。在 G90 时为终点在工件坐标系中的坐标;在 G91 时为终点相对于起点的位移量,不运动的轴可以不写。G00 指定刀具相对于工件以各轴预先设定的速度,从当前位置快速移动到程序段指令的定位目标点。G00 指令中的快移速度由机床参数"快移进给速度"对各轴分别设定,不能用 F 规定。G00 一般用于加工前快速定位或加工后快速退刀。快移速度可由面板上的快速修调旋钮修正。

注意:在执行 G00 指令时,由于各轴以各自速度移动,不能保证各轴同时到达终点因而联动直线轴的合成轨迹不一定是直线。操作者必须格外小心,以免刀具与工件发生碰撞。常见的做法是,将 Z 轴移动到安全高度,再执行 G00 指令。

二、线性进给 G01

指令格式:G01 X_Y_Z_F_

指令说明:X、Y、Z 为线性进给终点,在 G90 时为终点在工件坐标系中的坐标;在 G91 时为终点相对于起点的位移量;F 为合成进给速度。G1 指令刀具以联动的方式,按 F 规定的合成进给速度,从当前位置按线性路线(联动直线轴的合成轨迹为直线)移动到程序段指令的终点。

三、圆弧进给 G02/G03

指令格式：

$$G17 \begin{Bmatrix} G02 \\ G03 \end{Bmatrix} X\_Y\_ \begin{Bmatrix} I\_J\_ \\ R\_ \end{Bmatrix} F\_$$

$$G17 \begin{Bmatrix} G02 \\ G03 \end{Bmatrix} X\_Z\_ \begin{Bmatrix} I\_K\_ \\ R\_ \end{Bmatrix} F\_$$

$$G18 \begin{Bmatrix} G02 \\ G03 \end{Bmatrix} Y\_Z\_ \begin{Bmatrix} J\_K\_ \\ R\_ \end{Bmatrix} F\_$$

说明：G02——顺时针圆弧插补。G03——逆时针圆弧插补。X、Y、Z——圆弧终点，在 G90 时为圆弧终点在工件坐标系中的坐标，在 G91 时为圆弧终点相对于圆弧起点的位移量。I、J、K——圆心相对于圆弧起点在 X、Y、Z 方向的偏移值（等于圆心的坐标减去圆弧起点的坐标），在 G90/G91 时都是以增量方式指定。R——圆弧半径，当圆弧圆心角小于 180°时，R 为正值，否则 R 为负值。F——被编程的两个轴的合成进给速度。

注意：

(1)顺时针或逆时针是从垂直于圆弧所在平面的坐标轴的正方向看到的回转方向。

(2)整圆编程时不可以使用 R，只能用 I、J、K。

(3)同时编入 R 与 I、J、K 时，R 有效。

四、螺旋线进给 G02/G03

指令格式：

$$G17 \begin{Bmatrix} G02 \\ G03 \end{Bmatrix} X\_Y\_ \begin{Bmatrix} I\_J\_ \\ R\_ \end{Bmatrix} Z\_F\_$$

$$G18 \begin{Bmatrix} G02 \\ G03 \end{Bmatrix} X\_Z\_ \begin{Bmatrix} I\_K\_ \\ R\_ \end{Bmatrix} Y\_F\_$$

$$G19 \begin{Bmatrix} G02 \\ G03 \end{Bmatrix} Y\_Z\_ \begin{Bmatrix} J\_K\_ \\ R\_ \end{Bmatrix} X\_F\_$$

指令说明：X、Y、Z 中由 G17/G18/G19 平面选定的两个坐标为螺旋线投影圆弧的终点，意义同圆弧进给，第 3 坐标是与选定平面相垂直的轴终点，其余参数的意义同圆弧进给。该指令对另一个不在圆弧平面上的坐标轴施加移动指令，对于任何小于 360°的圆弧，可附加任一数值的单轴指令。

使用 G03 对图 5-41 所示的螺旋线编程。AB 为一螺旋线，起点 A 的坐标为(30,0,0)，终点 B 的坐标为(0,30,10)。圆弧插补平面为 XY 面，圆弧 AB' 是 AB 在 XY 平面上的投影，B' 的坐标值是(0,30,0)，从 A 点到 B' 是逆时针方向。在加工 AB 螺旋线前，要把刀具移到螺旋线起点 A 处，则加工程序编写如下：

```
G00 X0 Y0 Z0
G01 X30 Y0 Z0 F300
G90 G17 F300
G03 X0 Y30 R30 Z10
```

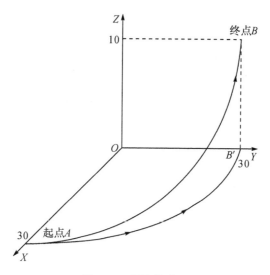

图 5-41　螺旋线编程

5.5.6　G40、G41 和 G42 指令编程实例

G41——刀具半径左补偿(简称左刀补),定义为假设工件不动,沿刀具的运动方向看,刀具在零件左侧的刀具半径补偿。

G42——刀具半径右补偿(简称右刀补),定义为假设工件不动,沿刀具的运动方向看,刀具在零件右侧的刀具半径补偿。

G40——取消刀补半径补偿。

在图 5-42 中,由 Z 轴移动时,设加工开始位置为距工件表面 100mm,切削深度为 10mm。则按下述方法编程时,则会产生如图 5-42 所示的过切现象。

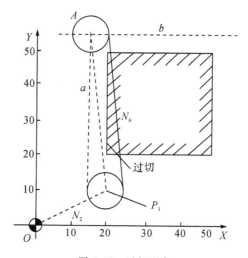

图 5-42　过切现象

```
00001;

N10 G9l G17 G00 S1000 M03;
N20 G41 X20.0 Y10.0 D01;                指定 XY 平面
N40 Z−98.0;                             刀补启动
N50 G01 Z−12.0 F100;                    连续两段只有 Z 轴的移动
N60 Y40.0;
N70 X30.0;
N80 Y−30.0;
N90 X−40.0;
N100 G00 Z110.0 M05;
N110 G40 X−10.0 Y−20.0;                 取消刀补

N120 M30;
%
```

其原因是当从 N20 进入刀补启动阶段后，只能读入 N40、N50 两段，但由于 Z 轴是非刀补平面的轴，而且读不到 N60 以下的程序段，也就作不出矢量，确定不了前进的方向。尽管用 G41 进入到了刀补状态，但刀具中心却并未加工刀补，而直接移动到了 P_1 点，当在 P_1 点执行完 N40、N50 程序段后，再执行 N60 程序段，刀具中心从 P_1 点移到交点 A。此时就产生了图示的过切现象（进刀超差）。

为避免上述问题，可将上面的程序改成下述形式来解决。

```
00002;

N10 G9l G17 G00 S1000 M03;
N20 G41 X20.0 Y9.0 D01;                 指定 XY 平面
N30 Y1.0;                               刀补启动
N40 Z−98.0;                             两者运动方向必须完全一致
N50 G01 Z−12.0 F100;
N60 Y30.0;
N70 X30.0;
N80 Y−30.0;
N90 X−40.0;
N100 G00 Z110.0 M05;
N110 G40 X−10.0 Y−20.0;                 取消刀补

N120 M30;
%
```

按此程序运行时，N30 段和 N60 段的指令是相同的方向，因而当从 N20 段开始刀补启动后，在 $P_1(20,9)$ 点上即作出了与 N30 段前进方向垂直向左的矢量，刀具中心也就向着该矢量终点移动。当执行 N30 时,由于 N40、N50 是 Z 轴的原因而不知道下段的前进方向,此时刀具中心就移向在 N30 段终点 $P_2(20,10)$ 处所作出的矢量的终点 P_3。在 P_3 点执行完 N40、N50 后,再移向交点 A,此时的刀具轨迹如图 5-43 所示,就不会产生过切了。这种方法中重要的是 N30 段指令的方向与 N60 段必须完全相同,移动量大小则无关系(一般用 1.0mm 即可)。

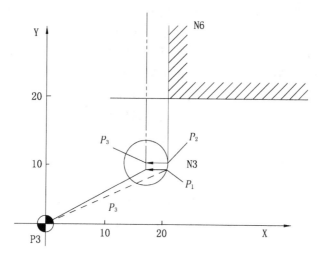

图 5-43　避免过切的方法

5.5.7　G43、G44 和 G49 指令编程实例

如图 5-44 所示,要加工 A、B、C 三个孔,由于某种原因,实际刀具长度比编程位置偏离了 4mm。现将偏置值 4mm 存入 H01 存储器中,编程如下:

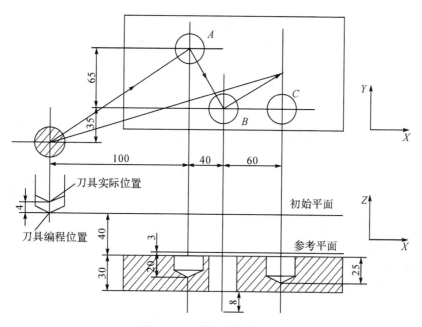

图 5-44　刀具长度补偿实例

H01＝－4.0　　　　　　　　刀具长度偏置值（由 CRT/MDI 操作面板预先设置）

N10 G91 G00 X100.0 Y100.0；　　在 XY 平面快速定位到 A 孔上方（初始平面）

N20 G43 Z－37.0 H01；　　　在 Z 方向快进到工件上方3mm处（第一安全平面）

N30 G01 Z－23.0 F100；　　　钻削加工 A 孔

N40 G04 P2000；　　　　　　在孔底暂停 2s

N50 G00 Z23.0；　　　　　　快速返回到参考平面

N60 X40.0 Y－65.0；　　　　快速定位到 B 孔上方

N70 G01 Z－41.0；　　　　　钻削加工 B 孔

N80 G00 Z41.0；　　　　　　快速返回到参考平面

N90 X60.0；　　　　　　　　快速定位到 C 孔上方

N100 G01 Z－28.0；　　　　　钻削加工 C 孔

N110 G04 P2000；　　　　　　在孔底暂停 2s

N120 G00 Z65.0 H00；　　　　Z 向快速返回到初始平面（起刀点的 Z 向坐标）

N130 X－200.0 Y－35.0；　　　X、Y 向快速返回到起刀点

N140 M30；　　　　　　　　　程序结束

％

5.5.8　常用固定循环指令编程实例

常用固定循环包括 G73、G74、G76、G80、G81、G82、G83、G84、G85、G86、G87、G88 和 G89，如表 5-15 所示。

表 5-15　固定循环 G 代码说明

G73	高速深孔钻循环	G84	右旋攻丝循环
G74	左旋攻丝循环	G85	镗削循环
G76	精镗循环	G86	镗削循环
G80	固定循环取消	G87	背镗循环
G81	钻孔循环	G88	镗削循环
G82	孔底暂停钻孔循环	G89	镗削循环
G83	深孔排屑钻孔循环		

一、G81 钻孔循环编程实例

如图 5-45 所示，编制 G81 钻孔循环程序。麻花钻直径为 $\phi20$。

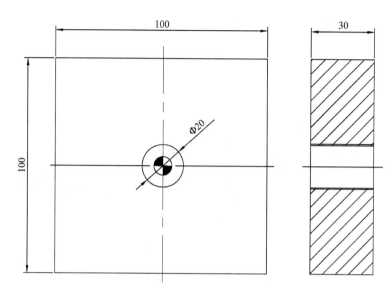

图 5-45　G81 固定循环编程

参考程序：

O0081

N10 G80 G90 G54 D01；

N20 G00 X0 Y0；

N30 M03 S2200；

N40 G43 H01 Z50；

N50 G81 X0 Y0 Z－30 R3 F80；　　　　　钻孔循环

N60 G80 G0 Z220；

N70 M30；

%

二、G82 点钻循环编程实例

指令格式：G82　X_Y_R_Z_P_F_；

指令说明：G82 是有暂停地钻孔——刀具在孔底会停留一段时间，主要用于中心钻、点钻、打锥沉孔等需要保证孔底面光滑的加工操作，该循环通常需要较低的主轴转速。G82 如果用于镗孔，将在退刀时刮伤内圆柱面。

G82 点钻循环指令的运动步骤说明及分解如表 5-16 和图 5-46 所示。

表 5-16　G82 点钻循环指令的运动步骤说明

步骤	G82 循环介绍
1	快速运动至 XY 位置
2	快速运动至 R 平面
3	进给运动至 Z 向深度
4	在孔底暂停，单位：ms
5	快速退刀至初始平面（左图）或快速退刀至 R 平面（右图）

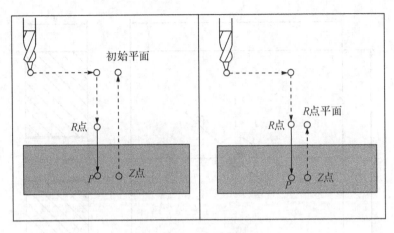

图 5-46　G82 固定循环

如图 5-47 所示,编制 G82 点钻循环程序。麻花钻直径为 $\phi20$。

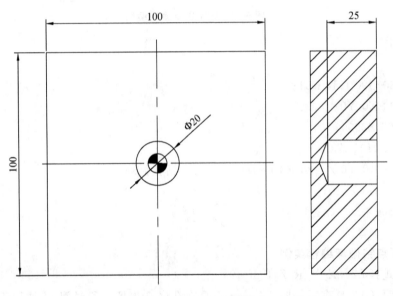

图 5-47　G82 固定循环编程

参考程序：

O0082；

N10 G80 G90 G54 D01；

N20 G00 X0 Y0；

N30 M03 S2200；

N40 G43 H01 Z50；

N50 G82 X0 Y0 Z—25 R3 P2000 F80；　　　　　钻孔循环

N60 G80 G00 Z220；

N70 M30；

%

三、G83 深孔钻循环编程实例

指令格式：G83　X_Y_R_Z_Q_F_；

指令说明：G83 深孔钻在钻入一定深度后需要将钻头退回工件上方间隙位置。G83 深孔钻循环指令的运动步骤说明及分解如表 5-17 和图 5-48 所示。

表 5-17　G83 深孔钻循环指令的运动步骤说明

步骤	G83 循环介绍
1	快速运动至 XY 位置
2	快速运动至 R 平面
3	根据 Q 值进给运动至 Z 向深度
4	快速退刀至 R 平面
5	快速运动至前一深度减去间隙（间隙由系统参数设定）
6	重复 3、4、5 步直至达到编程 Z 向深度
7	快速退刀至初始平面（左图）或快速退刀至 R 平面（右图）

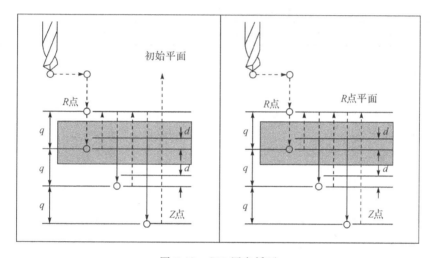

图 5-48　G83 固定循环

如图 5-48 所示，编制 G83 深孔钻循环程序。麻花钻直径为 $\phi20$。

参考程序：

O0083；

N10 G80 G90 G54 D01；

N20 G00 X0 Y0；

N30 M03 S2200；

N40 G43 H01 Z50；

N50 G83 X0 Y0 Z－30 R3 Q5 F80；　　　　　深孔钻循环，每次钻 5mm

N60 G80 G0 Z220；

N70 M30；

%

四、G73 高速深孔钻循环编程实例

指令格式：G73　X_Y_R_Z_Q_F_；

指令说明：对于 G73 高速深孔钻，排屑比从孔中完全退刀更加重要。由于 G73 循环通常用于长系列钻头，所以没有必要完全退刀。从名字"高速"可看出，G73 固定循环比 G83 循环要稍微快一点，因为它不需要在每次进刀后退刀至 R 平面，从而节省了时间。

G73 高速深孔钻循环指令的运动步骤说明及分解如表 5-18 和图 5-49 所示。

表 5-18　G73 高速深孔钻循环指令的运动步骤说明

步骤	G73 循环介绍
1	快速运动至 XY 位置
2	快速运动至 R 平面
3	根据 Q 值进给运动至 Z 向深度
4	根据间隙值快速返回（间隙由系统参数设定）
5	在 Z 方向做进给运动，进给量为 Q 值与间隙值之和
6	重复 4、5 步直至达到编程 Z 向深度
7	快速退刀至初始平面（左图）或快速退刀至 R 平面（右图）

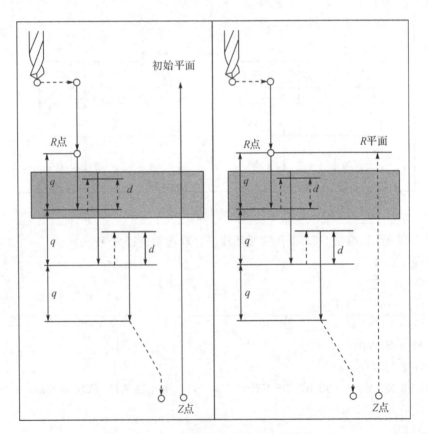

图 5-49　G73 固定循环（通常用于深孔钻）

如图 5-49 所示,编制 G73 高速深孔钻循环程序,麻花钻直径为 $\phi20$。

参考程序:

O0073;

N10 G80 G90 G54 D01;

N20 G00 X0 Y0;

N30 M03 S2200;

N40 G43 H01 Z50;

N50 G73 X0 Y0 Z−30 R3 Q6 F80; 深孔钻削,离工件表面 3mm 处开始,每次切削 6mm

N60 G80 G0 Z220;

N70 M30;

%

使用 G83 和 G73 注意事项:

程序中使用 G83 和 G73 时,需要给出每个孔所需的钻进次数。在钻进次数设置时要合理,以避免成百上千次不必要的进刀造成大量时间的浪费。尽量避免孔加工中过多的钻进次数。G73 和 G83 循环的钻进次数计算方法一样,钻进次数并不是从工件的上表面算起,而是根据 Q 值和 R 平面到 Z 向深度的总长来计算。用总长除以 Q 值便可得到每个孔位置所需的钻进次数。每个循环中的钻进次数必须是整数,小数部分需要向上取整。

例如:G73 X...Y...R2.5 Z−42.5 Q15 F...;

本例中 R 平面到 Z 向深度之间的距离是 45mm,Q 值为 15mm,用 45 除以 15 便得到钻进次数,结果正好是 3,因此不需要圆整,每孔所需的钻进次数为 3。为了增加钻进次数,可以取较小的 Q 值。为了减少钻进次数,可以取较大的 Q 值。通过实际计算,Q 值设置更为精确。要得到精确的钻进次数,可以用 R 平面和 Z 向深度之间的总长除以所需的钻进次数,结果便是所选钻进次数对应的 Q 值。如果出现小数,通常应该向上取整,否则钻进次数就会增加一次而浪费循环时间。

五、G84 高攻丝循环编程实例

指令格式:G84 X_Y_R_Z_F_;

指令说明:G84 循环只用于加工右旋螺纹,主轴顺时针旋转(M03)在循环开始前必须有效。

G84 攻丝循环指令的运动步骤说明及分解如表 5-19 和图 5-50 所示。

表 5-19 G84 攻丝循环指令的运动步骤说明

步骤	G84 循环介绍
1	快速运动至 XY 位置
2	快速运动至 R 平面
3	进给运动至 Z 向深度
4	主轴停止旋转
5	主轴逆时针旋转(M04)且进给运动返回 R 平面
6	主轴停止旋转
7	主轴顺时针旋转(M03)退刀至初始平面(左图)或停留在 R 平面(右图)

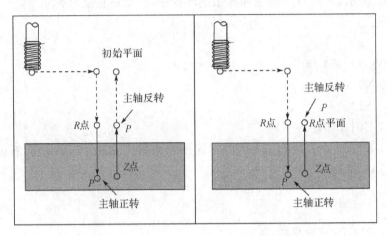

图 5-50 G84 固定循环(只用于右旋攻丝)

如图 5-51 所示,编制 G84 右旋攻丝循环程序,M20 丝锥。

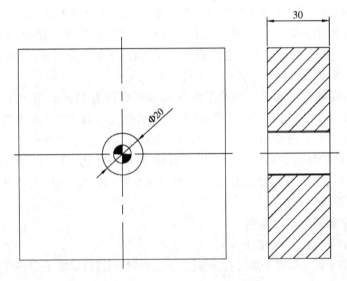

图 5-51 G84 固定循环编程

参考程序:

O0084;

N10 G80 G90 G54 D01;

N20 G00 X0 Y0;

N30 M03 S2200;

N40 G43 H01 Z50;

N50 G84 X0 Y0 Z-30 R3 P2000 F100;　　　攻丝循环,加工右旋螺纹

N60 G80 G0 Z220;

N70 M30;

%

六、G74(左旋)攻丝固定循环编程实例

指令格式:G74　X_Y_Z_R_F_;

指令说明:G74 循环只用于加工左旋螺纹,主轴逆时针旋转(M04)在循环开始前必须有效。

G74 攻丝循环指令的运动步骤说明及分解如表 5-20 和图 5-52 所示。

表 5-20　G74 攻丝循环指令的运动步骤说明

步骤	G74 循环介绍
1	快速运动至 XY 位置
2	快速运动至 R 平面
3	进给运动至 Z 向深度
4	主轴停止旋转
5	主轴顺时针旋转(M03)且进给运动返回 R 平面
6	主轴停止旋转
7	主轴逆时针旋转(M04)退刀至初始平面(左图)或停留在 R 平面(右图)

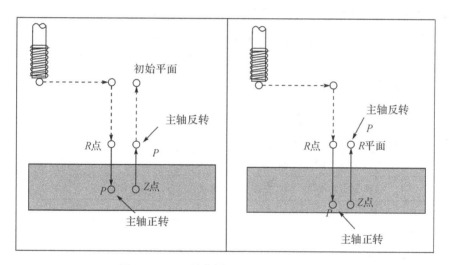

图 5-52　G74 固定循环(只用于左旋攻丝)

如图 5-52 所示,编制 G74 左旋攻丝循环程序,M20 丝锥。

参考程序:

O0074;

N10 G80 G90 G54 D01;

N20 G00 X0 Y0;

N30 M03 S2200;

N40 G43 H01 Z50;

N50 G74 X0 Y0 Z－30 R3 P2000 F100;　　　攻丝循环,加工左旋螺纹

N60 G80 G0 Z220;

N70 M30；

%

G84 和 G74 攻丝循环使用注意事项：

(1)由于需要加速,因此攻丝循环的 R 平面应该比其他循环的高,以保证进给率的稳定。

(2)螺纹的进给率选择很重要,主轴转速和螺纹导程之间有着直接的关系,始终要维持这种关系。

(3)G84 和 G74 循环处理中,控制面板上用来控制主轴转速和进给率的倍率旋钮无效。

(4)为了安全起见,即使在攻丝循环处理中按下进给保持键也将完成攻丝运动(不论在工件内部或在外部)。

七、G85 镗削循环编程实例

指令格式：G85　X_Y_Z_R_F_；

指令说明：G85 镗削循环通常用于镗孔和铰孔,它主要用于改善刀具运动进入和退出孔时孔的表面质量、尺寸公差和(或)同轴度、圆度等。使用 G85 循环进行镗削时,镗刀返回过程中可能会切除少量材料,这是因为退刀过程中刀具压力会减小。如果无法改善表面质量,应该换用其他循环。

G85 镗削循环指令的运动步骤说明及分解如表 5-21 和图 5-53 所示。

表 5-21　G85 镗削循环指令的运动步骤说明

步骤	G85 循环介绍
1	快速运动至 XY 位置
2	快速运动至 R 平面
3	进给运动至 Z 向深度
4	进给运动返回 R 平面
5	快速退刀至初始平面(左图)或快速退刀至 R 平面(右图)

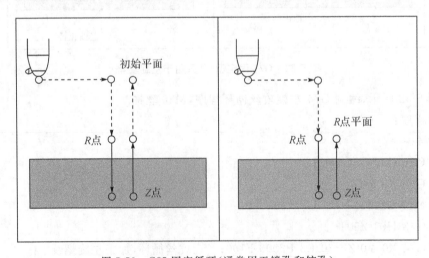

图 5-53　G85 固定循环(通常用于镗孔和铰孔)

如图 5-53 所示,编制 G85 镗削循环程序,ϕ20 镗刀。

参考程序:

O0085;

N10 G80 G90 G54 D01;

N20 G00 X0 Y0;

N30 M03 S2200;

N40 G43 H01 Z50;

N50 G85 X0 Y0 Z—30 R2 F220;　　　镗孔循环

N60 G80 G0 Z220;

N70 M30;

%

八、G86 镗削循环编程实例

指令格式:G86　X_Y_R_Z_F_;

指令说明:该循环用于粗加工孔或需要额外加工操作的孔。它与 G81 循环相似,其区别就是该循环在孔底停止主轴旋转。尽管此循环与 G81 循环相似,但它有自己的特点。标准钻削循环 G81 中,退刀时机床主轴是旋转的,而在 G86 循环中退刀时主轴是静止的。千万不能用 G86 固定循环来钻孔(例如为了节约时间),因为钻头螺旋槽中堆积切屑将损坏已加工表面或钻头本身。

G86 镗削循环指令的运动步骤说明及分解如表 5-22 和图 5-54 所示。

表 5-22　G86 镗削循环指令的运动步骤说明

步骤	G86 循环介绍
1	快速运动至 XY 位置(主轴旋转)
2	快速运动至 R 平面
3	进给运动至 Z 向深度
4	主轴停止旋转
5	快速退刀至初始平面(左图)或快速退刀至 R 平面(右图)

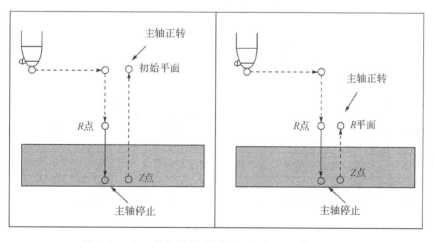

图 5-54　G86 固定循环(通常用于粗加工和半精加工)

如图 5-54 所示，编制 G86 镗削循环程序。ϕ20 镗刀。

参考程序：

O0086；

N10 G80 G90 G54 D01；

N20 G00 X0 Y0；

N30 M03 S2200；

N40 G43 H01 Z50；

N50 G86X0 Y0 Z－30 R2 F220；　　　　镗孔循环

N60 G80 G0 Z220；

N70 M30；

%

九、G87 背镗循环编程实例

指令格式：G87　X_Y_Z_R_Q_F_；

指令说明：该循环比较特殊，它只能用于某些（不是所有）背镗操作，特殊的加工和安装要求限制了它的实际应用。只有当总成本预算合理时才采用 G87 循环，大多数情况下都选择工件反转进行再加工。注意，安装镗刀杆时必须预先调整，以与背镗所需的直径匹配，它的切削刃必须在主轴定位模式下设置。G99 不能与 G87 循环同时使用。

G87 背镗循环指令的运动步骤说明及分解如表 5-23 和图 5-55 所示。

表 5-23　G87 背镗循环指令的运动步骤说明

步骤	G87 循环介绍
1	快速运动至 XY 位置（主轴旋转）
2	主轴停止旋转
3	主轴定位
4	根据 Q 值退出或移动由 I 和 J 指定的大小和方向
5	快速运动到 R 平面
6	根据 Q 值进入或朝 I 和 J 指定的相反方向移动
7	主轴顺时针旋转（M03）
8	进给运动至 Z 向深度
9	主轴停止旋转
10	主轴定位
11	根据 Q 值退出或移动由 I 和 J 指定的大小和方向
12	快速退刀至初始平面
13	根据 Q 值进入或朝 I 和 J 指定的相反方向移动
14	主轴旋转

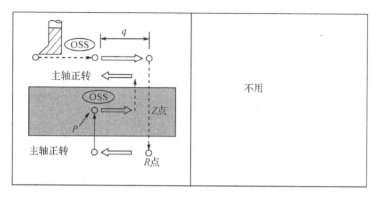

图 5-55　G87 固定循环(只用于背镗)

如图 5-55 所示,编制 G87 背镗循环程序,ϕ20 镗刀。

参考程序:

O0087;

N10 G80 G90 G54 D01;

N20 G00 X0 Y0;

N30 M03 S2200;

N40 G43 H01 Z50;

N50 G87 X0 Y0 Z－30 R2 Q3 P2000 F220;　　　　　反镗孔循环

N60 G80 G0 Z220;

N70 M30;

%

十、G88 镗削循环编程实例

指令格式:G88　X_Y_Z_R_P_F_;

指令说明:G88 循环比较少见,它的应用仅限于使用特殊刀具且在孔底需要手动干涉的镗削操作。为了安全起见,刀具在完成该操作时必须从孔中退出。机床生产厂家在某些特定操作中可能会用到该循环。

G88 镗削循环指令的运动步骤说明及分解如表 5-24 和图 5-56 所示。

表 5-24　G88 镗削循环指令的运动步骤说明

步骤	G88 循环介绍
1	快速运动至 XY 位置
2	快速运动至 R 平面
3	进给运动至 Z 向深度
4	在孔底暂停,单位:ms
5	主轴停止旋转(变为进给保持状态,数控操作人员切换到手动操作模式并执行手动操作,然后再回到记忆模式) 循环开始(CYCLE START)将使之返回正常循环
6	快速退刀至初始平面(左图)或快速退刀至 R 平面(右图)
7	主轴旋转

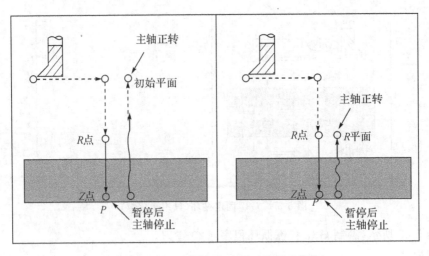

图 5-56 G88 固定循环(应用时需手动操作)

如图 5-56 所示,编制 G88 镗削循环程序,ϕ20 镗刀。

参考程序:

O0088;

N10 G80 G90 G54 D01;

N20 G00 X0 Y0;

N30 M03 S2200;

N40 G43 H01 Z50;

N50 G88 X0 Y0 Z−30 R2 P2000 F220;   镗孔循环

N60 G80 G0 Z220;

N70 M30;

%

十一、G89 镗削循环编程实例

指令格式:G89　X_Y_Z_R_P_F_;

指令说明:该循环指令几乎与 G85 相同,不同的是该循环在孔底执行暂停。

G89 镗削循环指令的运动步骤说明及分解如表 5-25 和图 5-57 所示。

表 5-25　G89 镗削循环指令的运动步骤说明

步骤	G89 循环介绍
1	快速运动至 XY 位置
2	快速运动至 R 平面
3	进给运动至 Z 向深度
4	在孔底暂停,单位:ms
5	进给运动至 R 平面
6	快速退刀至初始平面(左图)或快速退刀至 R 平面(右图)

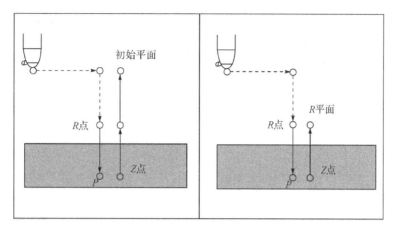

图 5-57　G89 固定循环（通常用于镗孔或铰孔）

如图 5-57 所示，编制 G89 镗削循环程序，φ20 镗刀。

参考程序：

O00089；

N10 G80 G90 G54 D01；

N20 G00 X0 Y0；

N30 M03 S2200；

N40 G43 H01 Z50；

N50 G89 X0 Y0 Z－30 R2 P2000 F220；　　　　镗孔循环

N60 G80 G0 Z220；

N70 M30；

％

十二、G76 精镗循环编程实例

指令格式：G76　X_Y_Z_R_P_Q_F_；

指令说明：该循环对加工高质量孔是很有用的。该循环主要用于孔的精加工。孔加工后的质量很重要，质量由孔的尺寸精度或表面质量决定，或者由两者共同决定。G76 也可保证孔的圆柱度并平行于它们的轴。

G76 精镗循环指令的运动步骤说明及分解如表 5-26 和图 5-58 所示。

表 5-26　G76 精镗循环指令的运动步骤说明

步骤	G76 循环介绍
1	快速运动至 XY 位置
2	快速运动至 R 平面
3	进给运动至 Z 向深度
4	在孔底暂停，单位：ms(如果使用)
5	主轴停止旋转
6	主轴定位
7	根据 Q 值退出或移动由 I 和 J 指定的大小和方向

续表 5-26

步骤	G76 循环介绍
8	快速退刀至初始平面(左图)或快速退刀至 R 平面(右图)
9	根据 Q 值进入或朝 I 和 J 指定的相反的方向移动
10	主轴恢复旋转

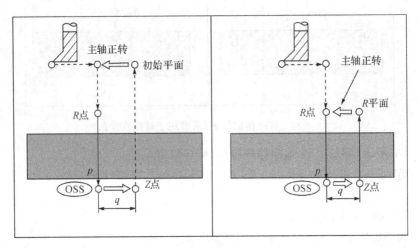

图 5-58　G76 固定循环(通常用于高精度加工)

如图 5-58 所示,编制 G76 精镗循环程序。φ20 精镗刀。

参考程序:

O0076;

N10 G80 G90 G54 D01;

N20 G00 X0 Y0;

N30 M03 S2200;

N40 G43 H01 Z50;

N50 G76 X0 Y0 Z－30 R2 Q3 P2000 F220;　　　　　精镗循环

N60 G80 G0 Z220;

N70 M30;

％

十三、G80 固定循环的取消

G80 指令可以取消任何有效的固定循环,且可自动切换到 G00 快速运动模式。

N20 G80

N30 X10 Y13

程序段 N30 中并没有编入快速运动 G00 指令,但是实际加工时 N30 程序段会执行快速运动。下面是一个标准的程序写法,它的实际运行轨迹和 N30 程序段一样,只是多了一个 G00 指令代码:

N40 G80

N50 G00 X10 Y13

上述两个程序的运行结果完全一样,也可以合并两个例子写成如下程序段:

N60 G80 G00 X10 Y13

上面几个例子的差别虽然很小,而且功能是一样的,但对于理解循环是很重要的。尽管不用 G80,G00 也可以取消循环,但该做法很不合理,应该尽量避免。

5.6　数控铣手工编程综合实例

5.6.1　二维外形轮廓铣削编程与加工编程实例

如图 5-59 所示零件,要求在一块 100mm×110mm×20mm 的材料上铣出图中的四个外形,加工时一次装夹、对刀,试完成对该零件的程序编制。

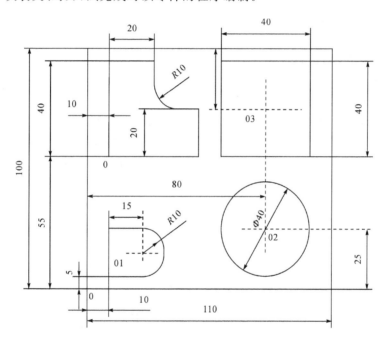

图 5-59　外形轮廓零件 1

编程如下:

O1104;	程序名
N10 G90 G40 G49 G80;	初始化
N20 G54;	预置工件坐标系
N30 G00 X−35.0 Y−35.0 Z50.0;	设置起刀点
N40 T01 M06;	换 1 号刀
N50 M03 S600;	启动主轴,转速 600mm/min
N60 G01 G42 X−15 Y−15 F800 D01;	右刀补建立开始
N70 X0.0;	单轴移动以建立刀补
N80 Y0.0;	右刀补建立完成

N90 Z—2 F80；	Z轴下刀
N100 X15.0；	轮廓轨迹插补开始
N110 G03 X15.0 Y20.0 R10.0 F150；	
N120 X0.0；	
N130 Y—5.0；	轮廓轨迹插补结束
N140 G01 Z20.0 F300；	抬刀
N150 G01 G40 X0.0 Y0.0；	注销刀补
N160 G55；	预置工件坐标系
N170 G00 X60.0 Y—20.0 Z20.0；	设置起刀点
N180 G01 G42 X40.0 Y0.0 F300 D02；	建立右刀补
N190 G02 X20.0 Y0.0 R10.0；	双轴联动以建立右刀补
N200 G01 Z—2.0 F80；	Z轴下刀
N210 G02 X20.0 Y0.0 I—20.0 J0.0；	
N220 G01 Z20.0 F200；	
N230 G01 G40 X0.0 Y0.0；	
N240 G56；	
N250 G00 X—50.0 Y—50.0 Z20.0；	设置起刀点
N260 G01 G42 X—30.0 Y—30.0 D03；	建立右刀补
N270 X—20.0；	单轴移动以建立右刀补
N280 Y—20.0；	右刀补建立完成
N290 G01 Z—2.0 F100；	Z轴下刀
N300 X20.0；	轮廓插补开始
N310 Y0.0；	
N320 X—20.0；	
N330 Y—20.0；	轮廓插补结束
N340 G01 Z20.0 F300；	抬刀
N350 G01 G40 X0.0 Y0.0	注销刀补
N360 G57；	
N370 G00 X—30.0 Y—30.0 Z20.0；	设置起刀点
N380 G01 G42 X—15.0 Y—15.0 F800 D0；	建立右刀补开始
N390 X0.0；	
N400 Y0.0；	右刀补建立完成
N410 Z—2 F500；	下刀
N420 G01 X40.0 F800；	轮廓插补开始
N430 Y20.0；	
N440 G02 X20.0 Y30.0 R10.0；	
N450 G01 Y40.0；	
N460 X0.0；	
N470 Y0.0；	轮廓插补结束

N480 G01 Z20.0 F300；

N490 G01 G40 X0.0 Y0.0；

N500 M30；

%

5.6.2　十字槽铣削编程与加工编程实例

毛坯 70mm×60mm×18mm，六面已粗加工过，要求铣出图 5-60 所示凸台及槽，工件材料为 45 号钢。

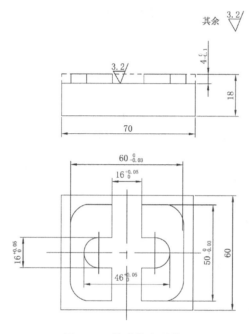

图 5-60　外形轮廓零件 2

一、零件加工工艺分析

1. 根据图样要求、毛坯及前道工序加工情况确定工艺方案及加工路线

(1) 用已加工过的底面为定位基准，用通用台虎钳夹紧工件左右两侧面，台虎钳固定于铣床工作台上。

(2) 工序顺序

① 加工凸台（分粗、精铣）。

② 加工槽（分粗、精铣）。

2. 选择机床设备

选择 XK714 数控立铣床，系统为 FANUC-0i。

3. 选择刀具

采用直径 12mm 的平底立铣刀（高速钢），并把刀具的半径输入刀具参数表中（粗加工 R ＝6.5mm、精加工取修正值）。

4. 确定切削用量

精加工余量 0.5mm。

主轴转速 500r/min。

进给速度 40mm/min。

5. 确定工件坐标系和对刀点

(1) 在 XOY 平面内确定以工件中心为工件原点, Z 方向经工件表面为工件原点, 建立工件坐标系。

(2) 采用手动对刀方法把 O 点作为对刀点。

二、零件的数控加工编程

1. 外形轮廓程序编制

G54;	工件坐标系设定
G40 G49 G80;	程序复位
S500 M03;	主轴启动
G0 X-50.0 Y-50.0;	运动到起刀点
G43 Z5.0 H01;	建立长度补偿
G1 Z-4.0 F200;	连续单轴移动
G41 X-30.0 Y-35.0 D02;	建立半径补偿
G01 Y15.0 F1000;	连续单轴移动, 外形轮廓加工开始
G02 X-20.0 Y25.0 R10.0;	
G01 X20.0;	
G02 X30.0 Y15.0 R10.0;	
G01 Y-15.0;	
G02 X20.0 Y-25.0 R10.0;	
G01 X-20.0;	
G02 X-30.0 Y-15.0 R10.0;	
G03 X-40.0 Y-5.0 R10.0;	
G40 G01 X-500 Y-50.0;	注销半径补偿
G0 Z5.0;	
G49 Z100.0;	注销长度补偿
M30;	

2. 槽的加工编程

G54;	工件坐标系设定
G40 G49 G80;	程序复位
S500 M03;	
G0 X0.0 Y-50.0;	
G43 Z5.0 H01;	建立长度补偿
G1 Z-4.0 F200;	
G41 X8.0 Y-35.0 D03;	建立刀具半径补偿
G01 Y-8.0 F1000;	
X15.0;	
G03 Y8.0 R8.0;	

```
G1 X8.0;
Y35.0;
X−8.0;
Y8.0;
X−15.0;
G03 Y−8.0 R8.0;
G1 X−8.0;
Y−35.0;
G40 X0.0 Y−50.0;       取消半径补偿
G0 Z5.0;
G49 Z100.0;            取消长度补偿
M30;
%
```

三、操作注意事项

(1)毛坯装夹时,要考虑垫铁与加工部位是否干涉。

(2)钻孔加工之前,要利用中心钻钻中心孔,然后再进行钻孔、攻螺纹,所以要保证中心钻、麻花钻和丝锥对刀的一致性,否则会折断麻花钻、丝锥。

(3)攻螺纹加工时,要正确合理选择切削参数,合理使用攻螺纹循环指令。

(4)攻螺纹加工时,暂停按钮无效,主轴速度修调旋钮保持不变,进给修调旋钮无效。

(5)加工钢件时,攻螺纹前必须把孔内的铁屑清理干净,防止丝锥阻塞在孔内。一般情况下,M20 以上的螺纹孔可在加工中心通过螺纹铣刀加工。M6 以上、M20 以下的螺纹孔可在加工中心上完成攻螺纹加工。

5.6.3 二型腔槽板铣削编程与加工编程实例

加工如图 5-61 所示型腔槽板零件。

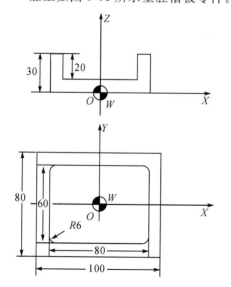

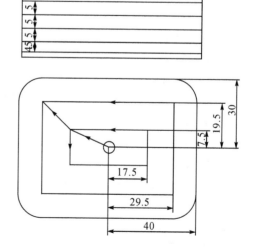

图 5-61　内轮廓型腔槽板零件及加工进刀方式 1

一、加工工艺分析及程序编辑

1.方案一

(1)刀具选择:粗加工采用ϕ20的立铣刀,精加工采用直径<ϕ10的键槽铣刀。

(2)安全面高度设为40mm。

(3)进刀/退刀方式:粗加工从中心工艺孔垂直进刀,向周边扩展。为此,首先要求在腔槽中心用ϕ20的麻花钻钻好工艺孔。

(4)工艺路线:粗加工分四层切削加工,底面和侧面各留0.5mm的精加工余量。

方案一数控程序如下(不包括钻工艺孔):

O2008;	第2008号程序,铣削型腔
N10 T01 M06;	选01号刀具(ϕ20mm立铣刀)
N20 G54 G90 G00 X0 Y0;	建立工件坐标系
N30 Z40 S1000 M03;	刀具运动到安全面高度,启动主轴
N40 M08;	打开冷却液
N50 G01 Z25 F220;	从工艺孔垂直进刀5mm,至高度25mm处
N60 M98 P0915;	调用子程序0915,进行第一层粗加工
N70 Z20 F220;	从工艺孔垂直进刀5mm,至高度20mm处
N80 M98 P0915;	调用子程序0915,进行第二层粗加工
N90 Z15 F220;	从工艺孔垂直进刀4.5mm,至高度15mm处
N100 M98 P0915;	调用子程序0915,进行第三层粗加工
N110 Z10.5 F220;	从工艺孔垂直进刀4.5mm,至高度10.5mm处
N120 M98 P0915;	调用子程序0100,进行第四层粗加工
N130 G00 Z40;	抬刀至安全面高度
N14 0T02 M06;	换02号刀具(ϕ10立铣刀),进行精加工
N150 S2200 M03;	
N160 M08;	
N170 G01 Z10 F220;	从中心垂直下刀至图样要求的高度处
N180 X-11 Y1 F100;	开始铣削型腔底面,第一圈加工开始
N190 Y-1;	
N200 X11;	
N210 Y1;	
51220 X-11;	
N230 X-19 Y9;	型腔底面第二圈加工开始
N240 Y-9;	
N250 X19;	
N260 Y9;	
N270 X-19;	
N280 X-27 Y17;	型腔底面第三圈加工开始
N290 Y-17;	
N300 X27;	

N310 Y17；

N320 X－27；

N330 X－34 Y25；　　　　　　型腔底面第四圈加工开始,同时也精铣型腔的周边

N340 G03 X－35 Y24 I0 J－1；　没有刀具半径补偿,刀具中心轨迹圆弧半径为 $R1$

N350 G01 Y－24；

N360 G03 X－34 Y－25 I1 J0；

N370 G01 X34；

N380 G03 X35 Y－24 I0 J1；

N390 G01 Y24；

N400 G03 X34 Y25 I－1 J0；

N410 G01 X－34；　　　　　　　精加工结束

N420 G00 X40 Y10；　　　　　　退刀

N430 G0 Z40；　　　　　　　　　抬刀至安全高度

N440 M30；　　　　　　　　　　程序结束并返回

O0915；　　　　　　　　　　　　子程序

N10 X－17.5 Y7.5 F60；　　　进刀至第一圈扩槽的起点(－17.5,7.5),并开始扩槽

N20 Y－7.5；

N30 X17.5；

N40 Y7.5；

N50 X－17.5；　　　　　　　　第一圈扩槽加工结束

N60 X－29.5 Y19.5；　　　　　进刀至第二圈扩槽的起点(－29.5,19.5),并开始扩槽

N70 Y－19.5；

N80 X29.5；

N90 Y19.5；

N100 X－29.5；　　　　　　　　第二圈扩槽加工结束

N110 X0 Y0；　　　　　　　　　回中心,第一层粗加工结束

N120 M99；

％

2. 方案二

先用行切法分层切去中间大部分余量,最后用环切法精铣侧面的方法对该型腔进行粗、精加工。

(1)刀具选择:粗加工采用 $\phi20$ 的立铣刀,精加工采用直径 $\phi10$ 的键槽铣刀。

(2)安全面高度:40mm。

(3)进刀/退刀方式:粗加工采用倾斜方式进刀,如图 5-62 中倾斜虚线所示。

(4)工艺路线:粗加工分四层切削加工,每层切深 4.875mm,各层内的走刀路线如图 5-62 中实线所示,底面和侧面各留 0.5mm 的精加工余量。

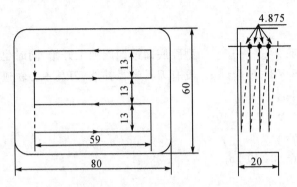

图 5-62　内轮廓型腔槽板零件加工进刀方式 2

方案二数控程序如下(不包括钻工艺孔):

O0022;	第 0022 号程序,铣削型腔
N10 T01 M06;	选 01 号刀具(φ20mm 立铣刀)
N20 G54 G90 G0X−29.5 Y19.5;	调用 G54 工件坐标系,刀具快进至起刀点
N30 Z40 S1000 M03;	刀具运动到安全面高度,启动主轴
N40 M08;	打开冷却液
N50 G01 Z30 F220;	工进至工件上表面
N60 M98 P1013L4;	调用子程序 1013 四次,进行四层粗加工
N70 G9 0G00 X0 Y0 Z40 M05;	抬刀至安全高度
N80 T02 M06;	换 02 号刀具(10 立铣刀),进行精加工
N90 S2200 M03;	
N100 M08;	
N110 X−34.5 Y20;	刀具快进至底面精加工起刀点
N120 G 1Z30 F220;	工进至工件上表面
N130 G91 Y−40 Z−20 F100;	倾斜方式进刀至底面深度
N140 X69;	第一次往返
N150 Y8;	
N160 X−69;	
N170 Y8;	
N180 X69;	第二次往返
N190 Y8;	
N200 X−69;	
N210 Y8;	
N220 X69;	第三次往返
N230 Y8;	
N240 X−69;	
N260 G90 X−34 Y25;	精铣型腔的周边
N270 G03 X−35 Y24 I0 J−1;	没有刀具半径补偿,刀具中心轨迹圆弧半径为 $R1$
N280 G0l Y−24;	

N290 G03 X－34Y－25 I1 J0；

N300 G01 X34；

N310 G03 X35 Y－24 I0 J1；

N320 G01 Y24；

N330 G03 X34 Y25 I－1 J0；

N340 G01 X－34；　　　　　　精加工结束

N350 G00 X－30 Y10；　　　　退刀

N360 G00 Z40；　　　　　　　抬刀至安全高度

N370 M30；　　　　　　　　　程序结束并返回

O1013　　　　　　　　　　　　子程序

N10 G91 Y－3 9Z－4.875 F100；倾斜方式进刀至各层深度

N20 X59；　　　　　　　　　　第一次往返

N30 Y13；

N40 X－59；

N50 Y13；

N60 X59；　　　　　　　　　　第二次往返

N70 Y13；

N80 X－59；

N90 M99；

%

5.6.4　凹凸模板铣削编程与加工编程实例(图 5-63)

一、加工工艺分析

1. 工、量、刃具选择

(1)工具选择。工件装夹在平口钳上,平口钳用百分表校正。X、Y 方向用寻边器对刀。Z 方向用 Z 轴定向器进行对刀。其规格、参数见表 5-27。

(2)量具选择。内、外轮廓尺寸用游标卡尺测量;深度尺寸用深度游标卡尺测量;孔径用内径千分尺测量。其规格、参数见表 5-27。

(3)刃具选择。上表面铣削用端铣刀;内、外轮廓铣削用键槽铣刀铣削;孔加工用中心钻、麻花钻、铰刀。其规格、参数见表 5-27。

2. 加工工艺方案

(1)加工工艺路线本课题为内、外轮廓及孔加工。首先粗、精铣坯料上表面,以便深度测量;然后粗、精铣削内、外轮廓,最后钻、铰孔。

①粗、精铣坯料上表面,粗铣余量根据毛坯情况由程序控制,留精铣余量 0.5mm。

②用 ϕ16mm 键槽铣刀粗、精铣内、外轮廓和 ϕ20mm 内圆孔。

③用中心钻钻 4×ϕ10mm 中心孔。

④用 ϕ9.7mm 麻花钻钻 4×ϕ10mm 孔。

⑤用 ϕ10H8 机用铰刀铰 4×ϕ10mm 孔。

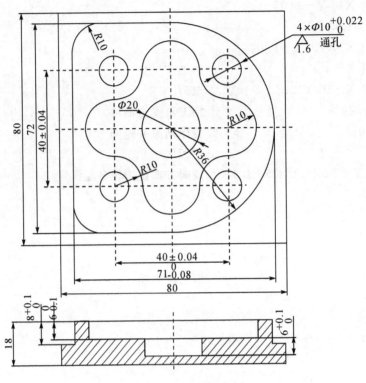

图 5-63 凸凹铣削实例

（2）合理切削用量选择。加工钢件，粗加工深度除留精加工余量，应进行分层切削。切削速度不可太快，垂直下刀进给量应小。参考切削用量见表 5-28。

表 5-27 工、量、刃具清单

种类	序号	名称	规格	数量
工具	1	平口钳	QH160	1个
	2	平行垫铁		若干
	3	塑胶锤子		1个
	4	扳手		若干
	5	偏心寻边器	ϕ10mm	1只
	6	Z轴定向器		1只
量具	1	游标卡尺	0～150mm	1把
	2	百分表及表座	0～10mm	1个
	3	深度游标卡尺	0～150mm	1把
	4	内径千分尺	5～25mm	1把

种类	序号	名称	规格	数量
	1	面铣刀	$\phi80mm$	1 把
	2	中心钻	A2	1 个
刃具	3	麻花钻	$\phi9.7mm$	1 个
	4	机用铰刀	$\phi lOH8mm$	1 个
	5	键槽铣刀	$\phi16mm$	1 个

表 5-28 切削用量选择

刀具号	刀具规格	工序内容	切削速度(mm/min)	转速(r/min)
T1	$\phi80mm$ 面铣刀	粗、精铣坯料上表面	100/80	500/800
T2	$\phi16mm$ 键槽刀	粗精铣外轮廓、内轮廓	$100\sim200$	800/1200
T3	A2 中心钻	钻中心孔	100	1200
T4	$\phi9.7mm$ 麻花钻	钻 $4\times\phi10mm$ 的底孔	100	650
T5	$\phi lOH8mm$ 机用铰刀	铰 $4\times\phi10mm$ 的底孔	50	300

二、参考程序

选择工件中心为工件坐标系 X、Y 坐标的原点,选择工件的上表面为工件坐标系 $Z=0$ 平面。内、外轮廓的铣削通过修改刀具半径补偿进行粗、精加工,同时本例需采用分层铣削。

1. 粗、精铣毛坯上表面

N10 G54 G17 G40 G90;	设定初始加工程序,建立工件坐标系,XY 平面、绝对坐标编程,取消半径补尝,加工前装直径 80mm 的面铣刀
N20 M03 S800;	主轴正转,转速 800r/min
N30 G0 Z10;	抬刀到安全高度 10mm
N40 X−35 Y−100;	运行至下刀点
N50 G01 Z−2 F50;	下刀至 2mm 深度,进给速度 50mm/min
N60 G01 Y100 F100;	直线切削至 Y 轴 100mm 处
N70 G00 X35;	快速定位至 X35 处
N80 G01 Y−100;	直线切削至 Y 轴−100mm 处
N90 G0 Z10;	快速抬刀至安全高度 10mm 处
N100 M30;	程序停止,返回程序

2. 粗、精外轮廓

N10 G54 G17 G40 G90;	设定初始加工程序,建立工件坐标系、XY 平面、绝对坐标编程,取消半径补偿,加工前装直径 16mm 的键槽刀
N20 M03 S800;	主轴正转,转速 800r/min
N30 G0 Z10;	抬刀到安全高度 10mm

N40 X−65 Y−65；	运行至下刀点
N50 G01 Z−20 F50；	分层下刀至−20mm 深度，速度 50mm/min
N60 G01 G41 X−40 Y−50 D1 F200；	建左刀补，进给速度 200mm/min
N70 Y40；	直线切削轮廓
N80 X40；	直线切削轮廓
N90 Y−40；	直线切削轮廓
N100 X50；	直线切削轮廓
N110 G00 Z10；	抬刀安全高度 10mm
N120 G40 G0 X0 Y0；	取消刀具半径补偿
N130 G0 X−65 Y−65；	运行至下刀点
N140 G01 Z−8 F50；	分层下刀至−8mm 深度，进给速度 50mm/min
N150 G41 G01 X−35 Y−55 D1 F200；	建左刀补，进给速度 200mm/min

3. 粗、精铣内轮廓

N10 G54 G17 G40 G90；	设定初始加工程序，建立工件坐标系、XY 平面、绝对坐标编程，取消半径补尝，加工前装直径 16mm 的键槽刀
N20 M03 S800；	主轴正转，转速 800r/min
N30 G0 Z10；	抬刀到安全高度 10mm
N40 X0 Y0；	定位到初始下刀点
N50 G01 Z−6 F50；	分层下刀至−6mm 深度，速度 50mm/min
N60 G41 G01 X−30 Y0 D1 F150；	建左刀补，进给速度 150mm/min
N70 G03 X−20 Y−10 CR=10；	圆弧插补
N80 G02 X−10 Y−20 CR=10；	圆弧插补
N90 G03 X10 Y−20 CR=10；	圆弧插补
N100 G02 X20 Y−10 CR=10；	圆弧插补
N110 G03 X20 Y10 CR=10；	圆弧插补
N120 G02 X10 Y20 CR=10；	圆弧插补
N130 G03 X−10 Y20 CR=10；	圆弧插补
N140 G02 X−20 Y10 CR=10；	圆弧插补
N150 G03 X−30 Y0 CR=10；	圆弧插补
N160 G0 Z10；	抬刀到安全高度 10mm
N170 G40 G0 X0 Y0；	取消半径补偿
N180 M30；	程序结束并返回

4. 粗、精铣内圆孔

N10 G54 G17 G40 G90；	设定初始加工程序，建立工件坐标系、XY 平面、绝对坐标编程，取消半径补偿，加工前装直径 16mm 的键槽刀
N20 M03 S800；	主轴正转，转速 800r/min
N30 G0 Z10；	抬刀到安全高度 10mm

N40 X0 Y0；	定位到初始下刀点
N50 G01 Z−12 F50；	分层下刀至−12mm 深度,速度 50mm/min
N60 G41 G01 X−10 Y0 D1 F150；	建左刀补,进给速度 150mm/min
N70 G03 I10；	整圆插补
N80 G0 Z10；	抬刀到安全高度 10mm
N90 G40 G0 X0 Y0；	取消半径补偿
N100 M30；	程序结束并返回

5. 中心钻钻中心孔

N10 G54 G17 G40 G90；	设定初始加工程序,建立工件坐标系、XY 平面、绝对坐标编程、取消半径补尝,加工前装直径 Λ2 中心钻
N20 M03 S1200；	主轴正转,转速 1200r/min
N30 G0 Z10；	抬刀到安全高度 10mm
N40 F100；	定义下刀速度
N50 MCALL CYCLE81 (10,5,2,−3,)；	钻中心孔参数定义
N60 X20 Y20；	第一孔加工
N70 X−20；	第二孔加工
N80 Y−20；	第三孔加工
N90 X20；	第四孔加工
N100 G0 Z50；	回安全高度
N110 M30；	程序结束并返回

6. 麻花钻钻孔

N10 G54 G17 G40 G90；	设定初始加工程序,建立工件坐标系、XY 平面、绝对坐标编程,取消半径补偿,加工前装直径 9.7mm 的麻花钻
N20 M03 S650；	主轴正转,转速 650r/min
N30 G0 Z10	抬刀到安全高度 10mm
N40 F100	定义下刀速度
N50 MCALL CYCLE81 (10,5,2,−30,)；	钻孔参数定义
N60 X20 Y20；	第一孔加工
N70 X−20；	第二孔加工
N80 Y−20；	第三孔加工
N90 X20；	第四孔加工
N100 G0 Z50；	回安全高度
N110 M30；	程序结束并返回

7. 铰刀铰孔

N10 G54 G17 G40 G90；	设定初始加工程序,建立工件坐标系、XY 平面、绝对坐标编程,取消半径补偿,加工前装直径 10mm 的机用铰刀

N20 M03 S650；　　　　　　　　　　主轴正转,转速 650r/min

N30 G0 Z10；　　　　　　　　　　　抬刀到安全高度 10mm

N40 F50；　　　　　　　　　　　　　定义下刀速度

N50 MCALL CYCLE82 (10,5,2,－26,5)；　钻孔参数定义

N60 X20 Y20；　　　　　　　　　　　第一孔加工

N70 X－20；　　　　　　　　　　　　第二孔加工

N80 Y－20；　　　　　　　　　　　　第三孔加工

N90 X20；　　　　　　　　　　　　　第四孔加工

N100 G0 Z50；　　　　　　　　　　　回安全高度

N110 M30；　　　　　　　　　　　　程序结束并返回

5.6.5　钻孔编程与加工训练

1. 钻孔编程与加工训练

使用数控铣床完成如图 5-64 所示零件。

(1)加工工艺分析。

(2)加工程序编制。

(3)加工过程分析。

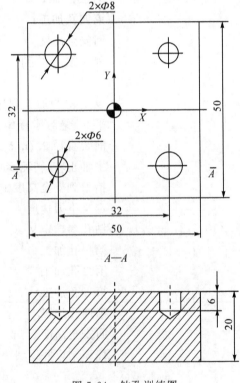

图 5-64　钻孔训练图

一、加工工艺分析

1. 工、量、刃具选择

(1) 工具选择：工件采用平口钳装夹，百分表校正钳口，其规格、参数见表 5-29。

(2) 量具选择：孔径、孔深、孔间距等尺寸精度较低，用游标卡尺测量即可，其规格、参数见表 5-29。

(3) 刃具选择：钻孔前先用中心钻钻中心孔定心，然后用麻花钻钻孔。常用麻花钻的种类及选择如下：

直柄麻花钻传递转矩较小，一般为直径小于 12mm 的钻头。

锥柄麻花钻可传递较大转矩，一般为直径大于 12mm 的钻头。

本课题所钻孔径较小，选用直柄麻花钻，其具体规格、参数见表 5-29。

表 5-29 工、量、刃具清单

种类	序号	名称	规格	数量
工具	1	平口钳		1 个
	2	平行垫铁		若干
	3	橡胶锤子		1 把
	4	扳手		若干
量具	1	游标卡尺	0～200mm	1 把
	2	百分表	0～10mm	1 套
刃具	1	中心钻	A2	1 个
	2	麻花钻	$\phi6$mm、$\phi8$mm	各 1 个

2. 加工工艺方案

(1) 孔的种类及常用加工方法

① 按孔的深浅分孔和深孔两类；当长径比 L/D（孔深与孔径之比）小于 5 时为浅孔，大于等于 5 时为深孔。浅孔加工可直接编程加工或调用钻孔循环（G81/G82）。深孔加工因排屑困难、冷却困难，钻削时应调用深孔钻削循环（G83/G73）加工。

② 按工艺用途分，孔有以下几种，其特点及常用加工方法见表 5-30。

表 5-30 孔种类及其常用加工方法

序号	种类	特点	加工方法
1	中心钻	定心作用	钻中心孔
2	螺栓孔	孔径大小不一，精度较低	钻孔、扩孔、铣孔
3	工艺孔	孔径大小不一，精度较低	钻孔、扩孔、铣孔
4	定位孔	孔径较小，精度较高，表面质量高	钻孔＋铰孔
5	支承孔	孔径大小不一，精度较高，表面质量高	钻孔＋镗孔（钻孔＋铰孔）
6	沉头孔	精度较低	

（2）加工工艺路线

钻孔前工件应校平，然后钻中心孔定心，再用麻花钻钻各种孔，具体工艺如下：

①用中心钻钻 $2 \times \phi 6mm$ 及 $2 \times \phi 8mm$ 的中心孔。

②用 $\phi 6mm$ 钻头钻 $2 \times \phi 6mm$ 的盲孔。

③用 $\phi 8mm$ 钻头钻 $2 \times \phi 8mm$ 的盲孔。

（3）合理切削用量选择加工铝件，钻孔深度较浅，切削速度可以加快，但垂直下刀进给量应小，参考切削用量参数见表 5-31。

表 5-31　切削用量选择

刀具号	刀具规格	工序内容	V_f/(mm/min)	n/(r/min)
T1	A2 中心钻	钻 $2 \times \phi 6mm$ 及 $2 \times \phi 8mm$ 的中心孔	100	1000
T2	$\phi 6mm$ 麻花钻	钻 $2 \times \phi 6mm$ 的盲孔	100	1200
T3	$\phi 8mm$ 麻花钻	钻 $2 \times \phi 8mm$ 的盲孔	100	1000

二、加工程序编制

O1013（中心孔程序）

N0010 G17 G40 G80 G49；	设置初始状态
N0020 G90 G54 G00 X－16 Y16；	工件坐标系建立，刀具快速移动到点（X－16，Y16）
N0030 M03 S1000；	主轴顺时针方向旋转，转速为 1000r/min
N0040 G43 Z5 H01 M08；	调用 1 号刀具长度补偿，切削液开
N0050 G82 Z－3 R5 F100；	调用孔加工循环，钻中心孔深 3mm，刀具返回 R 平面
N0060 Y－16；	继续在 Y－16 处钻中心孔
N0070 X16；	继续在 X16 处钻中心孔
N0080 Y16；	继续在 Y16 处钻中心孔
N0090 G80 G00 Z200；	取消钻孔循环，刀具沿 Z 轴快速移动到 Z200 处
N0100 M09 M05 M30；	切削液关，主轴停止，程序停止，安装 $\phi 6mm$ 麻花钻
％	

O1014（$\phi 6mm$ 孔程序）

N0010 G17 G40 G80 G49；	设置初始状态
N0020 G90 G54 G00 X－16 Y－16；	刀具快速移动到点（X－16，Y16）
N0030 M03 S1200；	主轴顺时针方向旋转，转速为 1200r/min
N0040 G43 Z5 H01 M08；	调用 1 号刀具长度补偿，切削液开
N0050 G83 Z－7.732 R5 Q3 F100；	调用孔加工循环，钻 $\phi 6mm$ 孔，刀具返回 R 平面
N0070 X16 Y16；	继续在 X16Y16 处钻 $\phi 6mm$ 孔孔
N0090 G80 G00 Z200；	取消钻孔循环，刀具沿 Z 轴快速移动到 Z200 处
N0100 M09 M05 M30；	切削液关，主轴停止，程序停止
％	

O1015(ϕ8mm 孔程序)

N10 G17 G40 G80 G49；	设置初始状态
N20 G90 G54 G00 X－16 Y16；	刀具快速移动到点(X－16,Y16)
N30 M03 S1000；	主轴顺时针方向旋转,转速为 1000r/min
N40 G43 Z5 H01 M08；	调用 1 号刀具长度补偿,切削液开
N50 G83 Z－8.3049 R5 Q3 F100；	调用孔加工循环,钻 ϕ8mm 孔,刀具返回 R 平面
N70 X16 Y－16；	继续在 X16 处钻 ϕ8mm 孔
N90 G80 G00 Z200；	取消钻孔循环,刀具沿 Z 轴快速移动到 Z200 处
N100 M09 M05 M30；	切削液关,主轴停止,程序停止。

%

三、加工过程分析

1. 加工准备

(1)阅读零件图,并检查坯料的尺寸。

(2)开机,机床回参考点。

(3)输入程序并检查该程序。

(4)安装夹具,夹紧工件。把平口钳安装在数控铣床(加工中心)工作台上,用百分表校正钳口。工件安装在平口钳上并用平行垫铁垫起,使工件伸出钳口 5mm 左右,用百分表校平工件上表面并夹紧。

(5)刀具装夹。本训练共使用了 3 把刀具,把不同类型的刀具分别安装到对应的刀柄上,注意刀具伸出的长度应能满足加工要求,不能干涉,并考虑钻头的刚性,然后按序号依次放置在刀架上,分别检查每把刀具安装的牢固性和正确性。

2. 对刀,设定工件坐标系

(1)对 X、Y 向对刀,通过试切法进行对刀操作得到 X、Y 零偏值,并输入到 G54 中。

(2)对 Z 向对刀,测量 3 把刀的刀位点从参考点到工件上表面的 Z 数值(必须是机械坐标的 Z 值),分别输入到对应的刀具长度补偿中,供加工时调用(G54 中 Z 值为 0)。

3. 空运行及仿真

注意空运行及仿真时,使机床机械锁定或使 G54 中的 Z 坐标为 50mm,按下启动键,适当降低进给速度,检查刀具运动轨迹是否正确。若在机床机械锁定状态下,空运行结束后必须回机床参考点;若在更改 G54 的 Z 坐标状态下,空运行结束后 Z 坐标改为 0,机床不需要回参考点。

4. 零件自动加工

首先调整各个倍率开关到最小状态,按下循环启动键。机床正常加工过程中适当调整各个倍率开关,保证加工正常进行。

5. 零件检测

零件加工结束后,进行尺寸检测。

6. 加工结束,清理机床

松开夹具,卸下工件,清理机床。

四、操作注意事项

(1)毛坯装夹时,要考虑垫铁与加工部位是否干涉。

（2）钻孔加工前，要先钻中心孔，保证麻花钻起钻时不会偏心。

（3）钻孔加工时，要正确合理选择切削用量，合理使用钻孔循环指令。

（4）固定循环运行中，若利用复位或急停使数控装置停止，由于此时孔加工方式和孔加工数据还被存储着，所以在开始加工时要特别注意，使固定循环剩余动作进行到结束。

（5）当程序执行到 M00 暂停时，不允许手动移动机床，在停止位置手动换刀，继续执行程序。

（6）编程时应计算 $\phi6$mm 和 $\phi8$mm 钻头的顶点应加工的深度。

（7）通常直径大于 $\phi30$mm 的孔应在普通机床上完成粗加工，留 4～6mm 余量（直径方向），再由数控铣床（加工中心）进行精加工，而小于 $\phi30$mm 的孔可以直接在数控铣床（加工中心）上完成粗、精加工。

5.6.6 铰孔编程与加工训练

使用数控铣床完成如图 5-65 所示零件。

（1）加工工艺分析。

（2）加工程序编制。

（3）加工过程分析。

一、加工工艺分析

1. 工、量、刃具选择

（1）工具选择：工件装夹在平口钳上，平口钳用百分表校正，其规格、参数见表 5-32。

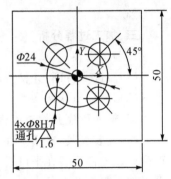

图 5-65　铰孔训练图

（2）量具选择：孔间距用游标卡尺测量；孔径尺寸精度较高，用内径百分表或塞规测量，内径百分表用千分尺校对；表面质量用表面粗糙度样板比对。其规格、参数见表 5-32。

表 5-32　工、量、刃具清单

种类	序号	名称	规格	数量
工具	1	平口钳		1 个
	2	平行垫铁		若干
	3	橡胶锤子		1 把
	4	扳手		若干
量具	1	游标卡尺	0～200mm	1 把
	2	百分表	0～10mm	1 套
	3	千分尺	0～25mm	1 把
	4	内径百分表	6～10.5mm	1 套
	5	塞规	$\phi8$H7	1 个
	6	表面粗糙度样板	N0－N1	1 副
刃具	1	中心钻	A2	1 个
	2	麻花钻	$\phi7.8$mm	1 个
	3	铰刀	$\phi8$H7	1 个

（3）刃具选择：铰孔作为孔的精加工方法之一，铰孔前应安排用麻花钻钻孔等粗加工工序（钻孔前还需用中心钻钻中心孔定心）。其规格、参数见表 5-32。铰孔所用刀具为铰刀，铰刀形状、结构、种类如下：

①铰刀的几何形状和结构如图 5-66 所示。

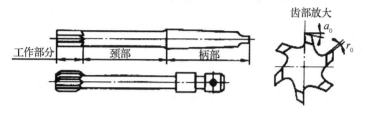

图 5-66　铰刀的几何形状和结构

②铰刀的组成及各部分的作用见表 5-33。

表 5-33　铰刀的组成部分及作用

结构		作用
柄部		装夹和传递转矩
工作部分	引导部分	导向
	切削部分	切削
	修光部分	定向、修光孔壁、控制铰刀直径
	倒锥部分	减少铰刀与工件已加工表面的摩擦
颈部		标注规格及商标

③铰刀的种类、特点及应用。铰刀按使用方法分为手用铰刀和机用铰刀两种；按所铰孔的形状分为圆柱形铰刀和圆锥形铰刀两种；按切削部分的材料分为高速钢铰刀和硬质合金铰刀。

铰刀是多刃切削刀具，有 6～12 个切削刃，铰孔时导向性好。由于刀齿的齿槽很浅，铰刀的横截面大，因此刚性好。

铰孔的加工精度可高达 IT6～IT7，表面粗糙度 $Ra0.4～0.8\mu m$，常作为孔的精加工方法之一，尤其适用于精度高的小孔的精加工。

本课题加工材料为硬铝，用数控铣床加工，所铰孔径小，宜选用圆柱形硬质合金机用铰刀。

2.加工工艺方案

（1）加工工艺路线。对每个孔都应先钻中心孔，钻底孔，最后再铰孔。具体工序安排如下：

①用 A2 中心钻钻 $4×\phi8H7$ 中心孔。

②用 $\phi7.8mm$ 钻 $4×\phi8H7$ 底孔。

③用 $\phi8H7$ 铰刀铰 $4×\phi8H7$ 的孔。

（2）合理切削用量选择。铰削余量不能太大也不能太小，余量太大铰削困难；余量太小，前道工序加工痕迹无法消除。一般粗铰余量为 0.15～0.30mm，精铰余量为 0.04～

0.15mm。铰孔前如采用钻孔、扩孔等工序,铰削余量主要由所选择的钻头直径确定。

本例加工铝件,钻孔、铰孔为通孔,切削速度可以较快,但垂直下刀进给量应小,参考切削用量参数见表 5-34。

表 5-34 切削用量选择

刀具号	刀具规格	工序内容	V_f/(mm/min)	n/(r/min)
T1	A2 中心钻	用 A2 中心钻钻 $4 \times \phi 8H7$ 中心孔	100	1000
T2	$\phi 7.8$mm 麻花钻	用 $\phi 7.8$mm 钻 $4 \times \phi 8H7$ 底孔	100	1200
T3	$\phi 8H7$ 铰刀	用 $\phi 8H7$ 铰刀铰 $4 \times \phi 8H7$ 的孔	60	1000

二、加工程序编制

O0915

N0010 G17 G40 G80 G49;	设置初始状态
N0020 G90 G54;	绝对编程、设置工件坐标系
N0030 G00 X−8.485 Y8.485;	刀具快速移动到 X−8.485,Y8.485
N0040 M03 S1000 M07;	主轴顺时针方向旋转,转速 1000r/min,切削液开
N0050 G43 Z5 H01;	调用 1 号刀具长度补偿,刀具快速沿 Z 轴到 5mm 处
N0060 G99 G81 Z−3 R5 F100;	调用孔加工循环,钻中心孔深 3mm,刀具返回 R 平面
N0070 Y−8.485;	继续钻 Y−8.485 处的中心孔
N0080 X8.485;	续钻 X8.485 处的中心孔
N0090 Y8.485;	继续钻 Y8.485 处的中心孔
N0100 G80 G00 Z200;	取消钻孔循环,刀具沿 Z 轴快速移动到 Z200 处
N0110 M05 M09 M00;	主轴停止,切削液关,程序停止,安装 T2 刀具
N0120 G54 G00 X−8.485 Y8.485;	设置工件坐标系、刀具快速移动到 X−8.485,Y8.485
N0130 M03 S1000 M07;	主轴顺时针方向旋转,转速 1000r/min,切削液开
N0140 G43 Z5 H02;	调用 2 号刀具长度补偿,刀具快速沿 Z 轴到 5mm 处
N0150 G99 G83 Z−23 R5 Q3 F100;	调用孔加工循环
N0160 Y−8.485;	继续钻 Y−8.485 处的孔
N0170 X8.485;	继续钻 X8.485 处的孔
N0180 Y8.485;	继续钻 Y8.485 处的孔
N0190 G80 G00 Z200;	取消钻孔循环,刀具沿 Z 轴快速移动到 Z200 处
N0200 M05 M09 M00;	主轴停止,切削液关,程序停止,安装 T3 刀具
N0210 G54 G00 X−8.485 Y8.485;	设置工件坐标系、刀具快速移动到 X−8.485,Y8.485

N0220 M03 S1200 M07；	主轴顺时针方向旋转,转速 1200r/min,切削液开
N0230 G43 Z5 H03；	调用 3 号刀具长度补偿,刀具快速沿 Z 轴到 5mm 处
N0240 G99 G81 Z－23 R5 F60；	调用孔加工循环(铰孔)
N0250 Y－8.485；	继续铰 Y－8.485 处的孔
N0260 X8.485；	继续铰 X8.485 处的孔
N0270 Y8.485；	继续铰 Y8.485 处的孔
N0280 G80 G00 Z200；	取消钻孔循环,刀具沿 Z 轴快速移动到 Z200 处
N0290 M05 M09 M02；	主轴停止,切削液关,程序结束
％	

三、加工过程分析

1.加工准备

(1)阅读零件图,并检查坯料的尺寸。

(2)开机,机床回参考点。

(3)输入程序并检查该程序。

(4)安装夹具,夹紧工件。把平口钳安装在工作台面上,并用百分表校正钳口。工件装夹在平口钳上,用垫铁垫起,使工件伸出钳口 5mm 左右,校平工件上表面并夹紧。

(5)刀具装夹。本训练共使用了 3 把刀具,把不同类型的刀具分别安装到对应的刀柄上,注意刀具伸出的长度应能满足加工要求,不能干涉,并考虑钻头的刚性,然后按序号次序放置在刀架上,分别检查每把刀具安装的牢固性和正确性。安装铰刀时尤其应注意铰刀的校正。校正方法为:

①清理主轴锥孔、刀柄及弹簧夹头等部位。

②将铰刀安装在刀柄上,连同刀柄装入主轴上。

③将百分表固定在工作台上,使百分表测头接触铰刀切削刃。

④手动旋转主轴,测出铰刀工作部分的径向圆跳动误差不超出被加工孔径公差的 1/3。

⑤若铰刀径向圆跳动误差超出被加工孔径公差的 1/3,查找原因,重新装夹、校正。

2.对刀,设定工件坐标系

(1)对于 X、Y 向对刀,通过试切法进行对刀操作,得到 X、Y 零偏值,并输入到 G54 中。

(2)对于 Z 向对刀,测量 3 把刀的刀位点从参考点到工件上表面的 Z 数值,分别输入到对应的刀具长度补偿中,加工时调用(G54 中的 Z 值为 0)。

3.空运行及仿真

注意空运行及仿真时,使机床机械锁定或使 G54 中的 Z 坐标中输入 50mm,按下启动键,适当降低进给速度,检查刀具运动轨迹是否正确。若在机床机械锁定状态下,空运行结束后必须回机床参考点,若在更改 G54 的 Z 坐标状态下,空运行结束后 Z 坐标改为 0,机床不需要回参考点。

4.零件自动加工

首先使各个倍率开关达到最小状态,按下循环启动键。机床正常加工过程中适当调整各个倍率开关,保证加工正常进行。

5.零件检测

零件加工结束后,进行尺寸检测。

6.加工结束,清理机床

松开夹具,卸下工件,清理机床。

四、操作注意事项

(1)毛坯装夹时,应校平上表面并检测垫铁与加工部位是否干涉。

(2)铰孔加工之前,要先钻孔(含用中心钻钻中心孔定心),中心钻、麻花钻和铰刀对刀的一致性要好。

(3)铰孔加工时,要根据刀具机床情况合理选择切削参数;否则会在加工中产生噪声,影响孔的表面粗糙度。

(4)安装铰刀时,一定要用百分表校正铰刀,否则影响铰孔的直径尺寸。

(5)铰孔加工时要加注润滑液,否则影响孔的表面质量。

(6)当程序执行到 M00 暂停时,不允许手动移动机床,在停止位置手动换刀,继续执行程序。

5.6.7 铣孔编程与加工训练

使用数控铣床完成如图 5-67 所示零件的加工。

(1)加工工艺分析。

(2)加工程序编制。

(3)加工过程分析。

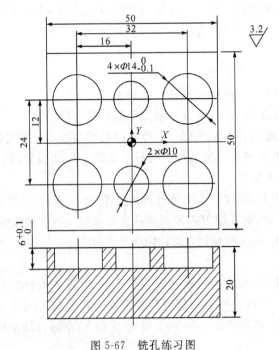

图 5-67 铣孔练习图

一、加工工艺分析

1.工、量、刃具选择

(1)工具选择:工件装夹在平口钳上,平口钳用百分表校正,其规格、参数见表 5-35。

（2）量具选择：孔间距用游标卡尺测量；孔深用深度游标卡尺测量；孔径精度较高用内径千分尺测量。量具规格、参数见表5-35。

（3）刃具选择：铣孔用键槽铣刀铣削，铣孔前用麻花钻钻预制孔（含用中心钻钻中心孔定心）。刃具规格、参数见表5-35。

表 5-35　铣孔加工工、量、刃具清单

种类	序号	名称	规格	数量
工具	1	平口钳		1个
	2	平行垫铁		若干
	3	橡胶锤子		1把
	4	扳手		若干
量具	1	游标卡尺	0～200mm	1把
	2	百分表	0～10mm	1套
	3	内径千分尺	5～25mm	1把
	4	深度游标卡尺	0～200mm	1把
	5	表面粗糙度样板	N0—N1	1副
刃具	1	中心钻	A2	1个
	2	麻花钻	ϕ9mm	1个
	3	键槽铣刀	ϕ10mm	1个

2．加工工艺方案

（1）加工工艺路线制定。铣孔前先用麻花钻钻预制孔（含用中心钻钻中心孔定心），具体加工路线如下。

①用 A2 中心钻钻 $2\times\phi10$mm 和 $4\times\phi140-0.1$mm 中心孔。

②用 ϕ9mm 麻花钻钻 $2\times\phi10$mm 和 $4\times\phi140-0.1$mm 孔深 6mm。

③用 ϕ10mm 键槽铣刀铣 $2\times\phi10$mm 和 $4\times\phi140-0.1$mm 盲孔深 6.05mm。

钻中心孔和 ϕ14mm 孔预制孔时调用孔加工循环；铣 4 个 ϕ14mm 孔，因加工内容相同，可编写一个子程序在主程序中调用 4 次。

（2）合理切削用量选择。加工铝件，铣孔深度较浅，切削速度可以提高，但垂直下刀进给量应小，参考切削用量参数见表5-36。

表 5-36　切削用量选择

刀具号	刀具规格	工序内容	V_f/(mm/min)	n/(r/min)
T1	A2 中心钻	钻 $2\times\phi10$mm 和 $4\times\phi140-0.1$mm 中心孔	100	1000
T2	ϕ9mm 麻花钻	钻 $2\times\phi10$mm 和 $4\times\phi140-0.1$mm 孔深 6mm	100	1000
T3	ϕ10 键槽铣刀	ϕ10mm 键槽铣刀铣 $2\times\phi10$mm 和 $4\times\phi140-0.1$mm 不通孔深 6.05mm	80	1200

二、加工程序编制

O2008（主程序）

N0010	G17 G40 G80 G49；	设置初始状态

N0020 G90 G54 G00 X－16 Y12；　　　　绝对编程、设置工件坐标系，快速移动到X－16、Y12

N0030 M03 S1000；　　　　主轴顺时针方向旋转，转速 1000r/min

N0040 G43 Z5 H01 M08；　　　　调用1号刀具长度补偿，刀具快速沿 Z 轴到 5mm 处

N0050 G99 G81 Z－3 R5 F100；　　　　调用孔加工循环，钻中心孔深 3mm，刀具返回 R 平面

N0060 Y－12；　　　　继续钻 Y－12 处的中心孔

N0070 X0；　　　　继续钻 X0 处的中心孔

N0080 X16；　　　　继续钻 X16 处的中心孔

N0090 Y12；　　　　继续钻 Y12 处的中心孔 a

N0100 X0；　　　　继续钻 X0 处的中心孔

N0110 G80 G00 Z200；　　　　取消钻孔循环、刀具沿 Z 轴快速移动到 Z200 处

N0120 M05 M09 M00；　　　　主轴停止，程序停止，安装 T2 刀具

N0130 G90 G54 G00 X－16 Y12；　　　　绝对编程、设置工件坐标系，快速移动到 X－16、Y12 处

N0140 M03 S1000；　　　　主轴顺时针方向旋转，转速 1000r/min

N0150 G43 Z5 H02 M08；　　　　调用 2 号刀具长度补偿，刀具快速沿 Z 轴到 5mm 处

N0160 G99 G83 Z－6 R5 Q3 Fl00；　　　调用孔加工循环，钻孔深 6mm，刀具返回 R 平面

N0170 Y－12；　　　　继续钻 Y－12 处的孔

N0180 X0；　　　　继续钻 X0 处的孔

N0190 X16；　　　　继续钻 X16 处的孔

N0200 Y12；　　　　继续钻 Y12 处的孔

N0210 X0；　　　　继续钻 X0 处的孔

N0220 G80 G00 Z200；　　　　取消钻孔循环、刀具沿 Z 轴快速移动到 Z200 处

N0230 M05 M09 M00；　　　　主轴停止，程序停止，安装 T3 刀具

N0240 G90 G54 G0 X0 Y12；　　　　绝对编程、设置工件坐标系，快速移动到 X－16、Y12 处

N0250 M03 S1200；　　　　主轴顺时针方向旋转，转速 1200r/min

N0260 G43 Z5 H03 M08；　　　　调用 3 号刀具长度补偿，刀具快速沿 Z 轴到 5mm 处

N0270 G0l Z－6.05 F80；　　　　铣孔深 6.05mm，进给速度 80mm/min

N0280 G04 X5；　　　　暂停 55

N0290 G0l Z5 F200；　　　　刀具抬起 5mm，进给速度 200mm/min

N0300 G00 Y－12；　　　　刀具快速移动到 Y－12 处

N03lO G0l Z－6.05 F80；　　　　铣孔深 6.05mm，进给速度 80mm/min

N0320 G04 X5；　　　　暂停 55

N0330 G0l Z5 F200；　　　　刀具抬起 5mm，进给速度 200mm/min

N0340 G00 X16 Y－12；　　　　刀具快速移动到 X16、Y－12 处

N0350 M98 P2012；　　　　调用子程序

N0360 G00 X16 Y12；　　　　刀具快速移动到 X16、Y12 处

N0370 M98 P2012；　　　　　调用子程序具快速移动到 X－16、Y12 处

N0380 G00 X－16 Y12

N0390 M98 P2012　　　　　　调用子程序

N0400 G00 X－16Y－12；　　　刀具快速移动到 X－16、Y－12 处

N0410 M98 P2012；　　　　　　调用子程序

N0420 G00 Z200；　　　　　　刀具快速抬起 200mm

N0430 M09 M05 M30；　　　　　主轴停止,程序结束

％

O2012(子程序)

N0010 G90 G01 Z－6.05 F80；　绝对编程铣孔深度 6.05mm,进给速度 80mm/min

N0020 G91 G01 X1.975；　　　　增量方式编程刀具沿 X 正方向移动 1.975mm

N0030 G02 I－1.975；　　　　　刀具顺时针铣圆

N0040 G01 X－1.975；　　　　　刀具沿 X 轴负方向移动 1.975mm

N0050 G90 G00 Z5；　　　　　　绝对方式刀具抬起 5mm

N0060 M99；　　　　　　　　　　子程序结束

％

三、加工过程分析

1. 加工准备

(1)阅读零件图,并检查坯料的尺寸。

(2)开机,机床回参考点。

(3)输入程序并检查该程序。

(4)安装夹具,夹紧工件。把平口钳安装在工作台面上,并用百分表校正钳口。工件装夹在平口钳上并用垫铁垫起,使工件伸出钳口 5mm 左右,校平工件上表面并夹紧。

(5)刀具装夹。本训练共使用了 3 把刀具,把不同类型的刀具分别安装到对应的刀柄上,注意刀具伸出的长度应能满足加工要求,不能干涉,并考虑钻头的刚性,然后按序号依次放置在刀架上,分别检查每把刀具安装的牢固性和正确性。

2. 对刀,设定工件坐标系

(1)对于 X、Y 向对刀,通过试切法进行对刀操作得到 X、Y 零偏值,并输入到 G54 中。

(2)对于 Z 向对刀,利用试切法分别测量 3 把刀的刀位点从参考点到工件上表面的 Z 数值,并把 Z 数值分别输入到对应的刀具长度补偿值中(G54 中 Z 值为 0)。

3. 空运行及仿真

注意空运行及仿真时,使机床机械锁定或向 G54 中的 Z 坐标中输入 50mm,按下启动键,适当降低进给速度,检查刀具运动轨迹是否正确。若在机床机械锁定状态下,空运行结束后必须重回机床参考点;若在更改 G54 的 Z 坐标状态下,空运行结束后 Z 坐标改为 0,机床不需要回参考点。

4. 零件自动加工

首先使各个倍率开关达到最小状态,按下循环启动键。机床正常加工过程中适当调整各个倍率开关,保证加工正常进行。

5．零件检测结果写在评分表中零件加工结束后，进行尺寸检测。

6．加工结束，清理机床。

四、操作注意事项

(1)钻预制孔及钻中心孔时，中心钻和钻头要保证对刀的一致性。

(2)用铣刀进行铣孔时，应选择能垂直下刀的铣刀或采用螺旋下刀方式。

(3)采用刀心轨迹编程，需计算铣刀刀心移动轨迹坐标。

(4)铣孔时尽可能采用顺铣，以保证已加工表面质量。

5.6.8 镗孔编程与加工训练

使用数控铣床完成如图 5-68 所示零件。

(1)加工工艺分析。

(2)加工程序编制。

(3)加工过程分析。

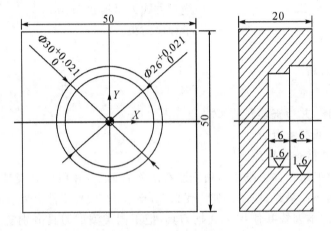

图 5-68　镗孔练习图

一、加工工艺分析

1．工、量、刃具选择

(1)工具选择：工件用平口钳装夹，平口钳用百分表校正，其规格、参数见表 5-37。

(2)量具选择：因尺寸精度较高，孔深用深度游标卡尺测量；孔径尺寸用内径百分表测量，内径百分表用千分尺校对；表面质量用表面粗糙度样板比对；具体规格、参数见表 5-37。

(3)刃具选择：镗孔作为孔的精加工方法之一，之前还需安排钻孔(含钻中心孔定心)、扩孔、铣孔等粗、半精加工工序，需用到中心钻、麻花钻、铣刀等刀具；最后用镗刀进行加工，其中镗刀分为粗镗刀和精镗刀。刀具规格、参数见表 5-37。

表 5-37　工、量、刃具清单

种类	序号	名称	规格	数量
工具	1	平口钳		1 个
	2	平行垫铁		若干
	3	橡胶锤子		1 把
	4	扳手		若干
量具	1	内径百分表	18～35mm	1 套
	2	百分表	0～10mm	1 套
	3	内径千分尺	5～25mm	1 把
	4	深度游标卡尺	0～200mm	1 把
	5	表面粗糙度样板	N0—N1	1 副
刃具	1	中心钻	A5	1 个
	2	麻花钻	ϕ25mm	1 个
	3	键槽铣刀	ϕ20mm	1 个
	4	微调镗刀(不通孔刀)	ϕ26mm	1 把
	5	微调镗刀(不通孔刀)	ϕ30mm	1 把

2.加工工艺方案

(1)加工工艺路线

①用 A5 中心钻钻中心孔。

②用 ϕ25mm 麻花钻钻孔深 12mm。

③用 ϕ20mm 键槽铣刀铣 ϕ26mm 和 ϕ30mm 不通孔底孔深度至尺寸要求。

④用微调镗刀镗 ϕ26+0.021mm 深 12mm。

⑤用微调镗刀镗 ϕ30+0.021mm 深 6mm。

(2)合理切削用量选择。加工铝件钻孔和粗镗孔速度要低,镗孔精度要求较高,可以减少切削余量,提高主轴转速,降低进给速度,参考切削用量参数见表 5-38。

表 5-38　切削用量选择

刀具号	刀具规格	工序内容	V_f/(mm/min)	n/(r/min)
T1	A5 中心钻	钻中心孔	100	1000
T2	ϕ25mm 麻花钻	钻孔深 12mm	100	400
T3	ϕ20mm 键槽铣刀	铣 ϕ26mm 和 ϕ30mm 不通孔	100	800
T4	ϕ26mm 微调镗刀	镗 ϕ26+0.021mm 深 12mm	80	1200
T5	ϕ30mm 微调镗刀	镗 ϕ30+0.021mm 深 6mm	80	1200

二、加工程序编制

O0010；

N0010 G40 G80 G17 G49；	设置初始状态
N0020 G90 G54 G00 X0 Y0；	绝对编程、设置工件坐标系，刀具快速移动到X0、Y0
N0030 M03 S1000；	主轴顺时针方向旋转，转速1000r/min
N0040 G43 Z5 H01 M08；	调用1号刀具长度补偿，刀具快速沿Z轴到5mm处
N0050 G99 G81 Z−3 R5 F100；	调用孔加工循环，钻中心孔深3mm，刀具返回R平面
N0060 G80 G00 Z200；	取消钻孔循环，刀具沿Z轴快速移动到Z200处
N0070 M05 M09 M00；	主轴停止，程序停止，安装T2刀具
N0080 G90 G54 G00 X0 Y0；	绝对编程、设置工件坐标系，刀具快速移动到X0、Y0
N0090 M03 S400；	主轴顺时针方向旋转，转速400r/min
N0100 G43 Z5 H02 M08；	调用2号刀具长度补偿，刀具快速沿Z轴到5mm处
N0110 G99 G83 Z−12 R5 Q3 F100；	调用孔加工循环，钻孔深12mm，刀具返回R平面
N0120 G80 G00 Z200；	取消钻孔循环、刀具沿Z轴快速移动到Z200处
N0130 M05 M09 M00；	主轴停止，程序停止，安装T3刀具
N0140 G90 G54 G00 X0 Y0；	绝对编程、设置工件坐标系，刀具快速移动到X0 Y0处
N0150 M03 S800；	主轴顺时针方向旋转，转速800r/min
N0160 G43 Z5 H03 M08；	调用3号刀具长度补偿，刀具快速沿Z轴到5mm处
N0170 G01 Z−6 F100；	铣孔深6mm进给速度100mm/min
N0180 G91 G01 X4.9；	增量方式编程，刀具沿X正方向移动4.9mm
N0190 G02 I−4.9；	顺时针圆弧插补
N0200 G90 G01 X0 Y0；	绝对方式编程，刀具回到X0、Y0处
N0210 G01 Z−12；	刀具向Z负方向到Z−12处
N0220 G91 G01 X2.9；	增量方式编程，刀具沿X正方向移动2.9mm
N0230 G02 I−2.9；	顺时针圆弧插补
N0240 G90 G01 X0 Y0；	绝对方式编程，刀具回到X0、Y0处
N0250 G00 Z200；	刀具沿Z轴快速移动到Z200处
N0260 M05 M09 M00；	主轴停止，程序停止，安装T4刀具
N0270 G90 G54 G00 X0 Y0；	绝对编程、设置工件坐标系，刀具快速移动到X0、Y0处
N0280 M03 S1200；	主轴顺时针方向旋转，转速1200r/min
N0290 G43 Z5 H04 M08；	调用4号刀具长度补偿，刀具快速沿Z轴到5mm处
N0300 G99 G85 Z−12 R5 F80；	调用镗孔加工循环，镗孔深度12mm
N0310 G80 G00 Z200；	取消钻孔循环、刀具沿Z轴快速移动到Z200处
N0320 M05 M09 M00；	主轴停止，程序停止，安装T5刀具
N0330 G90 G54 G00 X0 Y0；	绝对编程、设置工件坐标系，刀具快速移动到X0、Y0处

N0340 M03 S1200；　　　　　　主轴顺时针方向旋转,转速 1200r/min
N0350 G43 Z5 H05 M08；　　　　调用 5 号刀具长度补偿,刀具快速沿 Z 轴到 5mm 处
N0360 G99 G85 Z－6 R5 F80；　　调用镗孔加工循环,镗孔深度 6mm
N0370 G80 G00 Z200；　　　　　取消钻孔循环、刀具沿 Z 轴快速移动到 Z200 处
N0380 M05 M09 M30；　　　　　主轴停止,程序结束
％

三、加工过程分析

1.加工准备

(1)阅读零件图,并检查坯料的尺寸。

(2)开机,机床回参考点。

(3)输入程序并检查该程序。

(4)安装夹具,夹紧工件。把平口钳安装在工作台面上,并用百分表校正钳口位置。工件装夹在平口钳上,用垫铁垫起,使工件伸出钳口 5mm 左右,校平上表面并夹紧。

(5)刀具装夹。本训练共使用了 5 把刀具,把不同类型的刀具分别安装到对应的刀柄上,注意刀具伸出的长度应能满足加工要求,不能干涉,并考虑钻头的刚性,然后按序号依次放置在刀架上,分别检查每把刀具安装的牢固性和正确性。

2.对刀、设定工件坐标系

(1)对于 X、Y 向对刀,通过试切法进行对刀操作得到 X、Y 零偏值,并输入到 G54 中。

(2)对于 Z 向对刀,利用试切法分别测量 5 把刀的刀位点从参考点到工件上表面的 Z 数值,并把 Z 数值分别输入到对应的刀具长度补偿值中(G54 中 Z 值为 0)。

3.空运行及仿真

注意空运行及仿真时,使机床机械锁定或向 G54 中的 Z 坐标中输入 50mm,按下启动键,适当降低进给速度,检查刀具运动轨迹是否正确。若在机床机械锁定状态下,空运行结束后必须回机床参考点;若在更改 G54 的 Z 坐标状态下,空运行结束后 Z 坐标改为 0,机床不需要回参考点。

4.零件自动加工及尺寸控制

首先使各个倍率开关达到最小状态,按下循环启动键。机床正常加工过程中适当调整各个倍率开关,保证加工正常进行。

5.零件检测。

6.加工结束,清理机床。

四、操作注意事项

(1)毛坯装夹时,要考虑垫铁与加工部位是否干涉。

(2)镗孔试切对刀时要准确找正预镗孔的中心位置,保证试切一周切削均匀。

(3)镗孔刀对刀时,工件零点偏置值可以直接借用前道工艺中应用麻花钻或铣刀测量得到的 X、Y 值,Z 值通过试切获得。

5.6.9　内螺纹铣削编程与加工训练

使用数控铣床完成如图 5-69 所示零件。

(1)加工工艺分析。

(2)加工程序编制。

(3)加工过程分析。

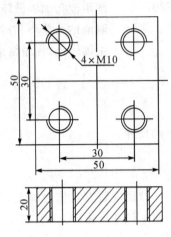

图 5-69　内螺纹铣削训练图

一、加工工艺分析

1.工、量、刃具选择

(1)工具选择：工件装夹在平口钳中，平口钳用百分表校正位置，其规格、参数见表5-39。

(2)量具选择：内螺纹用螺纹塞规测量；内螺纹间距用游标卡尺测量；表面质量用表面粗糙度样板比对。其规格、参数见表5-39。

(3)刃具选择：攻内螺纹前应钻螺纹底孔(含钻中心孔定心)，需用到中心钻及麻花钻；攻内螺纹用丝锥进行加工。其规格、参数见表5-39。

表 5-39　工、量、刃具清单

种类	序号	名称	规格	数量
工具	1	平口钳		1个
	2	平行垫铁		若干
	3	橡胶锤子		1把
	4	扳手		若干
量具	1	百分表	0～10mm	1套
	2	螺纹塞规	M10	1个
	3	游标卡尺	0～150mm	1把
	4	表面粗糙度样板	N0—N1	1副
刃具	1	中心钻	A5	1个
	2	麻花钻	$\phi 8.5mm$	1个
	3	丝锥	M10	1个

丝锥分手用丝锥和机用丝锥两种。加工中心上常用机用丝锥直接攻螺纹,常用的机用丝锥有直槽机用丝锥、螺旋槽机用丝锥和挤压机用丝锥等。

攻内螺纹时,丝锥主要是切削金属,但也有挤压金属的作用。加工塑性好的材料时,挤压作用尤其明显。因此,攻螺纹前的底孔直径(即钻孔直径)必须大于螺纹标准中规定的螺纹内径。一般用下列经验公式计算内螺纹底孔钻头直径 d_o。

对钢料及韧性金属:$d_o \approx d - P$

对铸铁及脆性金属:$d_o \approx d - (1.05 - 1.1)P$

式中,d_o——底孔直径;

$\qquad$ d——螺纹公称直径;

$\qquad$ P——螺距。

攻盲孔螺纹时,因丝锥不能攻到底,所以孔的深度要大于螺纹长度,盲孔深度可按下列公式计算:

$$孔的深度 = 所需螺纹孔深度 + 0.7d$$

2.加工工艺方案

(1)加工工艺路线

①用 A5 中心钻钻中心孔。

②用 $\phi 8.5mm$ 麻花钻钻螺纹底孔。

③用 M10 丝锥攻 $4 \times M10$ 螺纹。

(2)合理切削用量选择加工铝件,钻孔速度可以提高,但攻螺纹时可以低速和高速加工,工件较薄时可以选择高速攻螺纹,本训练宜采用低速攻螺纹。参考切削用量见表 5-40。

表 5-40　切削用量选择

刀具号	刀具规格	工序内容	V_f/(mm/min)	n/(r/min)
T1	A5 中心钻	钻中心孔	100	1000
T2	$\phi 8.5mm$ 麻花钻	钻孔螺纹底孔	100	800
T3	M10 丝锥	攻 $4 \times M10$ 螺纹	150	100

二、加工程序编制

O1001

N0010 G40 G80 G49;　　　　　　　　设置初始状态

N0020 G90 G54 G00 X−15 Y15;　　　刀具快速移动到 X−15、Y15

N0030 M03 S1000;　　　　　　　　主轴顺时针方向旋转,转速 1000r/min

N0040 G43 Z5 H01 M08;　　　　　　调用 1 号刀具长度补偿,刀具快速沿 Z 轴到 5mm 处

N0050 G99 G81 Z−3 R5 F100;　　　调用孔加工循环,钻中心孔深 3mm,刀具返回 R 平面

N0060 Y−15;　　　　　　　　　　继续钻 Y−15 处中心孔

N0070 X15;　　　　　　　　　　　继续钻 X15 处中心孔

N0080 Y15;　　　　　　　　　　　继续钻 Y15 处中心孔

N0090 G80 G00 Z200;　　　　　　　取消钻孔循环,刀具沿 Z 轴快速移动到 Z200 处

N0100 M05 M09 M00;　　　　　　　主轴停止,程序停止,安装 T2 刀具

N0110 G90 G54 G00 X—15 Y15；　　绝对编程,刀具快速移动到 X—15、Y15 处

N0120 M03 S800；　　主轴顺时针方向旋转,转速 800r/min

N0130 G43 Z5 H02 M08；　　调用 2 号刀具长度补偿,刀具快速沿 Z 轴到 5mm 处

N0140 G99 G83 Z—23 R5 Q3 F100；　　调用孔加工循环

N0150 Y—15；　　继续钻 Y—15 处孔

N0160 X15；　　继续钻 X15 处孔

N0170 Y15；　　继续钻 Y15 处孔

N0180 G80 G00 Z200；　　取消钻孔循环、刀具沿 Z 轴快速移动 Z200 处

N0190 M05 M09 M00；　　主轴停止,程序停止,安装 T3 刀具

N0200 G90 G54 G00 X—15 Y15；　　设置工件坐标系,刀具快速移动到 X—15、Y15 处

N0210 M03 S100；　　主轴顺时针方向旋转,转速 100r/min

N0220 G43 Z5 H03 M08；　　调用 3 号刀具长度补偿,刀具快速沿 Z 轴到 5mm 处

N0230 G99 G84 Z—23 R5 F150；　　调用攻螺纹加工循环

N0240 Y—15；　　继续攻 Y—15 处螺纹

N0250 X15；　　继续攻 X15 处螺纹

N0260 Y15；　　继续攻 Y15 处螺纹

N0270 G80 G00 Z200；　　取消攻螺纹循环、刀具沿 Z 轴快速移动到 Z200 处

N0280 M05 M09 M30；　　主轴停止,程序结束

%

三、加工过程分析

1.加工准备

(1)阅读零件图,并检查坯料的尺寸。

(2)开机,机床回参考点。

(3)输入程序并检查该程序。

(4)安装夹具,夹紧工件。把平口钳安装在工作台面上,并用百分表校正钳口位置。安装工件并用平行垫铁垫起毛坯,零件的底面上要保证垫出一定厚度的标准块,用平口钳夹紧工件,伸出钳口 5mm 左右。

(5)刀具装夹,本训练共使用了 3 把刀具,把不同类型的刀具分别安装到对应的刀柄上,注意刀具伸出的长度应能满足加工要求,不能干涉,并考虑钻头的刚性,然后按序号依次放置在刀架上,分别检查每把刀具安装的牢固性和正确性。

2.对刀,设定工件坐标系

(1)对于 X、Y 向对刀,通过试切法进行对刀操作得到 X、Y 零偏值,并输入到 G54 中。

(2)对于 Z 向对刀,利用试切法分别测量 3 把刀的刀位点从参考点到工件上表面的 Z 数值,并把 Z 数值分别输入到对应的刀具长度补偿值中(G54 中 Z 值为 0)。

3.空运行及仿真

注意空运行及仿真时,使机床机械锁定或向 G54 中的 Z 坐标中输入 50mm,按下启动键,适当降低进给速度,检查刀具运动轨迹是否正确。若在机床机械锁定状态下,空运行结束后必须回机床参考点;若在更改 G54 的 Z 坐标状态下,空运行结束后 Z 坐标改为 0,机床不需要回参考点。

4. 零件自动加工

首先使各个倍率开关达到最小状态,按下循环启动键。机床正常加工过程中适当调整各个倍率开关,保证加工正常进行。

5. 零件检测

6. 加工结束,清理机床

四、操作注意事项

(1)毛坯装夹时,要考虑垫铁与加工部位是否干涉。

(2)钻孔加工之前,要利用中心钻钻中心孔,然后再进行钻孔、攻螺纹,所以要保证中心钻、麻花钻和丝锥对刀的一致性,否则会折断麻花钻、丝锥。

(3)攻螺纹加工时,要正确合理选择切削参数,合理使用攻螺纹循环指令。

(4)攻螺纹加工时,暂停按钮无效,主轴速度修调旋钮保持不变,进给修调旋钮无效。

(5)加工钢件时,攻螺纹前必须把孔内的铁屑清理干净,防止丝锥阻塞在孔内。一般情况下,M20 以上的螺纹孔可在加工中心通过螺纹铣刀加工。M6 以上、M20 以下的螺纹孔可在加工中心上完成攻螺纹加工。

第6章 数控机床维护与保养

6.1 数控机床日常维护与保养

数控机床是一种自动化程度很高、结构很复杂且又昂贵的先进加工设备,在企业生产中占有至关重要的地位。为了充分发挥数控机床的效益,尽量延长系统的平均无故障时间,应当做好预防性维护。预防性维护的关键是加强日常的维护和保养,主要的维护工作有以下一些内容:

(1)经常检查各坐标轴是否在原点位置上。

(2)机床开机后,确保操作面板上的所有指示灯都正常工作。

(3)检查主轴端面、刀夹及其他配件是否有毛刺、破裂或损坏现象,并将主轴周围清理干净。

(4)定期检查一个试验程序完整的运转情况。

此外,加工中心还必须充分重视日常的维护工作,主要包括以下几个方面:

(1)机床操作人员应熟悉所用设备的机械、数控装置、液压、启动等部分以及规定的使用环境(加工条件)等,并要严格按机床以及数控系统的使用说明手册的要求合理正确地使用,尽量避免因操作不当而引起故障。

(2)定期清扫空气过滤器。若数控柜空气过滤器灰尘积累过多,将导致柜内冷却空气流通不畅,从而引起柜内温度过高引发数控系统工作不稳定。因此,应根据周围环境温度状况,定期检查清扫。电气柜内电路板和元器件上积累的灰尘也要经常清扫。

(3)在操作前必须确认主轴润滑油与导轨润滑油是否符合工作要求。若润滑油不足,应按说明书的要求加入牌号、型号等合适的润滑油。

(4)在操作前必须确认气压是否正常。若气压显示不正常,则按机床操作说明书对工作气压的规定进行调整。

(5)适时对各坐标轴进行超程限位试验,尤其是对于硬件限位开关,由于切削液等原因会使其产生锈蚀,甚至损坏滚珠丝杠,严重影响机械精度。试验时只要用手按一下限位开关检查是否出现超程警报,或检查相应的 I/O 接口输入信号是否变化。

(6)定期进行机床水平和机械精度检查并校正。机械精度的校正方法有软硬两种。软方法主要是通过系统参数补偿,如丝杠反向间隙补偿、各坐标定位精度定点补偿、机床回参考点位置校正等;硬方法一般要在机床进行大修时进行,如进行导轨修刮、滚珠丝杠螺母预紧调整方向间隙等。

(7)机床长期不用时要定期通电,并进行机床功能试验程序的完整运行。要求每1~3周通电试运行一次,尤其是在环境湿度较大的梅雨季节应增加通电次数。每次空运行一小时左右,利用机床本身的发热来降低机内湿度,使电子元件不致受潮,同时也能发现有无电池报警发生,以防系统软件参数的丢失。

(8)定期检查电气部件,检查各插头、插座、电缆、各继电器的触点是否接触良好;检查各印制电路板是否干净;检查主电源变压器、各电动机的绝缘电阻是否在 1MΩ 以上。平时尽量少开电气柜门,以保持电气柜的清洁,夏天用开门散热法是不可取的。

(9)定期更换储存器用电池,一般数控系统对 CMOS RAM 储存器设有可充电电池维持电路,以保证系统不通电期间能保持其存储器内容。电池的更换应在 CNC 装置通电状态下进行,以防更换时 RAM 内信息丢失。在一般情况下,即使电池尚未失效也应每年更换一次,确保系统能正常工作。

(10)经常监视 CNC 装置用的电网电压。CNC 装置通常允许电网电压在额定值的 +10%~-15% 的范围内波动,如果超出此范围就会造成系统工作不正常,甚至会引起 CNC 系统内电子元件的损坏。

数控机床日常保养的周期、检查部位和要求见表 6-1。

表 6-1　数控机床日常保养的周期、检查部位和要求一览表

序号	检查周期	检查部位	检查要求
1	每天	导轨润滑油箱	检查油标、油量,不足时及时添润滑油,润滑泵能定时启动、打油及停止
2	每天	X、Y、Z 轴各导轨面	清除切削及脏物,检查润滑油是否充足,导轨面有无划伤损坏
3	每天	压缩空气气源压力	检查气动控制系统是否在正常工作范围内
4	每天	气源、自动分水滤器、自动空气干燥器	及时清理分水器滤出的水分,检查自动空气干燥器是否工作正常
5	每天	气液转向器、油面气液增压器、油面	发现油面低于最低限时,及时增补油
6	每天	主轴润滑恒油、温油箱	检查工作正常、油量是否充足、调解工作范围
7	每天	机床液压系统	油箱、油泵工作无特殊噪声,工作压力表指示正常,压力管路及接头无泄漏,工作油面高度符合要求
8	每天	液压平衡系统	检查平衡压力指示是否正常;平衡的坐标快速移动时,平衡阀正常工作。
9	每天	数控系统输入输出装置	如光电阅读机是否清洁状况良好,机械结构是否润滑等
10	每天	数控、PC、机床电气柜	各电气柜冷却风扇工作是否正常,风道过滤网有无堵塞
11	每天	各防护装置	导轨防护罩、机床防护罩有无松动和漏水现象,电气柜密封性好否
12	每天	电气柜过滤网	
13	每半年	滚珠丝杠	清洗丝杠上旧的润滑脂,涂上新的油脂

续表 6-1

序号	检查周期	检查部位	检 查 要 求
14	每半年	液压油路	清洗溢流阀、减压阀、滤油气,将油箱箱底清洗,液压油更换或经过过滤后再使用
15	每半年	主轴润滑恒温油箱	清洗过滤器并更换润滑油
16	每年	伺服电机碳刷	当碳刷长度过小时需更换;检查整流子表面,擦净碳粉,去除毛刺和划伤;换上新碳刷后,要跑合后才能正常使用
17	每年	润滑油泵、滤油器	清理润滑油池底,更换滤油器
18	不定期	各导轨上镶条、压紧滚轮	按《机床说明书》检查和调整
19	不定期	冷却水箱	检查液面,不足时,补充冷却液;冷却液太脏时,需要更换,并清理水箱底部;定期清理过滤器
20	不定期	排屑器	定期清理切屑、检查有无卡住等现象
21	不定期	废油池	清理废油池,及时把废油取走,以免外溢污染环境
22	不定期	主轴驱动皮带	按《机床说明书》检查和调整

6.2 数控机床常见故障及诊断方法

6.2.1 机械故障

由于采用数控装置,机械结构与普通机床相比大为简化,常见的机械故障如下:

(1)进给传动链故障。由于导轨普遍采用了滚动摩擦副,所以进给传动链大部分是由运动质量下降造成的。如机械部件未达到规定位置、运行中断、定位精度下降、方向间隙过大、机械爬行、轴承噪声过大等,因此这部分与调整各运动副预紧力,调整松动环节,提高运动精度及调整补偿环节等有关。

(2)主轴部件。由于使用调速电机,数控机床主轴箱内部结构比较简单。主轴箱上可能出现的故障有自动拉紧刀柄装置、自动调速装置、主轴快速运动精度的保持性等。

(3)自动换刀装置(ATC)。加工中心上的自动换刀装置,就目前水平而言,有 50% 以上的故障都与它有关。其故障表现在:刀库运动故障、定位误差过大、机械手夹持刀柄不稳定、机械手运动误差过大等。这些故障最后都造成换刀动作卡位,整机停止工作,机械维修人员对此应有足够重视。

(4)各级动作位置检查的行程开关压合故障。在数控机床中,为了保证自动化工作的可

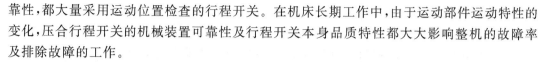

靠性,都大量采用运动位置检查的行程开关。在机床长期工作中,由于运动部件运动特性的变化,压合行程开关的机械装置可靠性及行程开关本身品质特性都大大影响整机的故障率及排除故障的工作。

(5)配套附件的工作可靠性。如冷却液装置、排屑器、导轨防护罩、冷却液防护罩、主轴冷却恒温油箱,液压油箱等的可靠性故障。

6.2.2　CNC 数控系统故障诊断

一、故障诊断的原则

所谓 CNC 系统发生故障是指 CNC 系统丧失了规定的功能。故障可按表现形式、性质、起因等作多种分类。从过程分,有突然故障和渐变故障两种;从性能上分,有完全实效和部分实效之别;从使用角度来看,可分为误用故障和本质故障两种;从时间上分,有早期故障、偶然故障和耗损故障三阶段,此三阶段构成了有名的"浴盆曲线",即第一阶段和第二阶段(早期阶段和耗损阶段)故障率高,而中间阶段故障率低;从严重性而言,又可分为灾难性、致命性、严重和轻度四种;从与故障的相互关系来分,可分为非关联(即与系统本身无关的原因,如由于安装、运输等造成)和关联故障两大类。而关联故障又可分为系统性故障和偶然性故障。所谓系统性故障,是指一旦满足某种条件,CNC 系统必然发生的故障,是一种可重演的故障。而随机性故障则不同,即使在完全相同的情况下,故障也只是偶然发生。一般来说,随机性的故障多是由于系统控制软件不完善、硬件工作特性曲线漂移、电器元件可靠性下降等原因造成,这类故障的排除比较困难,需要反复试验才能确诊。从诊断方式分,有诊断显示故障和无诊断显示故障两种,现代的数控系统大都有丰富的自诊断功能,利用这些诊断显示的报警号,是比较容易判断故障所在的;而对于无诊断显示的故障,故障判断的难度就比较大,需要进行多方面的调查,综合分析各种现象才能排除。若从故障性质分,还可以分为破坏性故障和非破坏性故障两类。对于非破坏性故障,由于其危险小,可以重演,因此排除比较容易。而对于因伺服系统失控造成机床飞车等破坏性故障,只能通过现象来做分析判断,并且在修理时有一定的危险。以上列举的故障还可以有更多的分类,但不论对哪种故障,在进行诊断时,都应遵循下述原则:

(1)充分调查故障现场。这是维修人员取得第一手材料的重要手段,它包括两个方面的内容。一方面是对操作者的调查,详细询问出现故障的全过程,有些什么现象产生,采取过什么措施等。调查过程中,操作者坦诚的配合极为重要。另一方面,要对现场作细致的勘查。无论是系统的外观,CRT 显示内容、各印刷线路板上报警指示、有无灼伤等痕迹,不管什么细节都必须查清,不能放过。在确认系统通电无危险的情况下,可以通电并按下系统复位键(RESET 键),观察系统是否有异常,报警是否消失;如能消失,则故障多为随机性,甚至是操作错误造成的。

(2)认真分析故障产生的原因。CNC 系统发生故障,往往是同一现象、同一报警号却可以有多种起因,甚至有的故障在机床上,但现象却反映在系统上。所以在查找故障的起因时,思路要开阔,无论是 CNC 系统、机床电气、还是机械、液压,只要有可能引起该故障的原因,都要尽可能全面列出来,然后进行综合判断和优化选择,确定最有可能的原因,通过必要的试验,达到确诊和排除故障的目的。

二、数控系统故障排除的方法

由于数控系统是高技术密集型产品，要想迅速而正确的查明原因并确定其故障的部位，不借助故障诊断技术是很困难的，有时甚至是不可能的。随着微处理器的不断发展，故障诊断技术也由简单的诊断朝着多功能或智能化方向的诊断发展。诊断能力的强弱也是评价当今 CNC 数控系统性能的一项重要指标。目前所使用的各种 CNC 系统的诊断方法归纳起来大致可分为三大类：

(1)启动诊断。所谓启动诊断是指 CNC 系统每次从通电开始到进入正常的运行准备状态为止，系统内部诊断程序自动执行的诊断。诊断的内容为系统中最关键的硬件和系统控制软件，如 CPU、存储器、I/O 单元等模块以及 CRT/MDI 单元等装置或外部设备。有的 CNC 系统启动诊断程序还能对配置进行检查，用以确定所有指定的设备模块是否都正常工作。只有当全部项目都确认无误后，整个系统才能进入正常运行的准备状态。

(2)在线诊断。在线诊断是指通过 CNC 系统的内装程序，在系统处于正常运行状态时对 CNC 系统本身及与 CNC 装置相连的各个伺服单元、伺服电动机、主轴伺服单元和主轴电动机以及外部设备等进行诊断、检查。只要系统不停电，在线诊断就不会停止。

在线诊断的内容很丰富。一般来说，包括自诊断功能的状态显示和故障信息显示两部分。其中自诊断功能状态显示有上千条，常以二进制的 0,1 来显示其状态，借助状态显示可以判断出故障发生的部位。这些信息大都以报警号和适当的注释形式出现，一般可分为下述几大类：过热报警类、系统报警类、存储器报警类、编程/设定类和伺服类。

(3)停机检查。这主要是指 CNC 系统制造厂或专业维修中心，利用专用的软件和测试装置在 CNC 系统出现故障后，进行停机检查。

随着电信技术的发展，一种新的通信诊断技术——海外诊断技术也正在进入应用，它是利用电话通信线，把带故障的 CNC 系统和专业维修中心的专用通信诊断计算机通过网络连接进行测试诊断。

三、故障诊断的一般方法

我国现有数控机床配置的 CNC 系统品种极其繁多，既有国产的也有进口的。CNC 系统是高技术密集的产品，它集复杂的硬件技术和软件技术于一体。因此，一旦系统出现故障，不借助于诊断技术，要想迅速准确查明和排除故障几乎是不可能的。但只要遵循上述的故障排除原则和下述的几个方面的判断方法进行综合判断，故障就不难排除。

(1)直观法。充分利用人的感觉器官，注意发生故障时的各种现象，如故障是否有火花、光亮产生？是否有异常响声？何处发热异常以及是否有焦煳味等，还应仔细观察可能发生故障的每块印刷线路板的表面状况，是否有烧毁、损伤的痕迹，以进一步缩小检查范围。这虽然是一种最基本、最原始的方法，但却是最常用的方法。这要求维修人员要有丰富的经验，要有较宽的机、电、液等综合技术知识面。

(2)充分利用 CNC 系统的自诊断功能。所谓自诊断功能就是指依靠 CNC 系统内部计算机的快速处理数据的能力，对出错系统进行多路、快速的信号采集和处理，然后由诊断程序进行逻辑分析判断，对故障进行定位。

现代数控系统都具有自诊断功能，只是自诊断的能力有强弱之分而已。自诊断大致可以分为两类：一类为"开机自诊断"，它是指从每次通电到开始进入正常的运行准备状态为止，系统的内部诊断程序自动执行诊断，它可以对 CPU、存储器、总线、I/O 单元等模块或印刷线路板,以及 CRT 单元、阅读机、软盘驱动器等外围设备进行运行前的功能测试,确认系统的主要硬件是否可以正常工作。开机自诊断的好处在于,使系统故障在没有造成危害之前就被发现,以便及时排除。另一类为"在线自诊断",它是指将诊断程序作为主程序的一部分,在系统运行过程中不断对系统本身、与 CNC 连接的各种外部设备、伺服系统等进行监控。

（3）状态检查。CNC 系统的自诊断能力现已发展到不但能在 CRT 上显示故障报警信息,而且能以多页的"诊断地址"和"诊断数据"的形式提供各种状态的信息。这些信息少则数百个,多则数千个。常见的有以下几个方面:

①CNC 系统与机床之间、CNC 系统与 PLC 之间以及 PLC 与机床之间的接口输入/输出信号状态。也就是说,利用状态显示可以检查 CNC 系统是否已经将信号输出到机床,以及机床开关等信号是否已经输入到 CNC 系统,从而可将故障范围区分成是在机床,还是在 CNC 系统一侧。

②各坐标轴位置的偏差值。

③刀具距机床参考点的位置。

④与存储器有关的状态显示。

⑤与机电反馈信号有关的状态显示。

⑥MDI 面板、机床操作面板的工作方式和其他按键状态。

（4）报警指示灯显示故障。在现代 CNC 系统内部,不但有上述的自诊断功能、状态显示等"软件"报警,而且还有许多"硬件"报警指示灯,它们被分布在电源单元、伺服单元、控制单元、输入/输出单元等部件上,根据这些报警指示灯的指示可大致判断出故障出在何处。

（5）更换印刷线路板方法。如用户有备件或有相同的数控系统时,可以采用更换印刷线路板方法,从而能迅速找出有故障的印刷线路板,减少数控系统的停机时间。但在换板时,一定要注意使印刷线路板与原状态一致,这包括电位器的位置,各种设定棒的位置等应该完全一致。当更换存储器板时,还需进行初始化,重新设定各种 NC 数控等操作,务必要按照说明书的要求进行。

（6）核对数控系统参数。NC 系统能直接影响数控机床的性能。因此,CNC 系统的有些故障是由于外界的干扰等因素造成个别参数变化而引起的。此时,可通过核对、修正参数,就能将故障排除。

（7）测量比较法。数控系统生产厂在设计印刷线路板时,为了调整、维修的便利,在印刷板上设计了多个监测用端子,用户也可以利用这些端子将正常的印制板和出故障的板进行测量比较,分析故障的原因及故障的所在位置。

（8）原理分析法。根据 CNC 系统的组成原理,可从逻辑上分析各点的应有特征,并用逻辑分析法进行测量比较,从而对故障进行定位。但这要求维修人员对系统的原理有较深的了解。

（9）离线诊断法。通过专门设备,采用特殊的诊断方法和步骤,力求把故障的可能范围缩小到最低限度,或是某块印刷板或是某部分电路,甚至是整个器件。维修用的专门设备多是供测试用的计算机、改进过的 CNC 系统、工程师面板等专用测试装置。由于需要专用设备,所以这种方法适用于 CNC 系统制造厂和系统维修中心。

6.2.3 伺服系统故障

一、进给伺服系统故障

进给伺服系统的故障报警有三种现象：一是利用软件诊断程序在 CRT 上显示软件报警信息；二是利用伺服系统上的硬件显示报警；三是没有任何报警指示。

1. 软件报警形式

现代数控系统都具有对进给系统进行监视、报警的能力。在 CRT 上显示进给驱动的报警信号大致可分为三类：

(1)伺服进给系统出错报警。这类报警的起因，大多是速度控制单元方面的故障引起的，也可能是主控制印制线路板内与位置控制或伺服信号有关部分的故障。

(2)检测出错报警。它是指检测元件(测速发电机)或检测信号方面引起的故障。

(3)过热报警。这里所述的过热是指伺服单元、变压器及伺服电机等的过热。引起过热报警的原因有：

①机床切削条件苛刻及机床摩擦力矩过大，引起主回路中的过热继电器动作。

②切削时，伺服电机电流太大或变压器本身故障，引起伺服变压器热控开关动作。

③伺服电机电枢内部短路或绝缘不良、电机永久磁钢去磁或脱落及电机制动不良，引起电机的热控开关动作。

(4)电机过载。引起过载的原因有：

①机床负荷异常，引起电机电流超过额定值。这可以用检查电动机电流来判断。此时需要变更切削条件，减轻机床负荷。

②印制电路板设定错误，即应确定电动机过载的设定是否正确。

③印制线路板不良。

④对于交流伺服来说，没有脉冲编码器反馈信号也会引起电机过载报警。

(5)速度单元的断路器断开报警。引起报警的原因有：

①干扰。有时速度单元受外界的干扰影响，断路器自动断开。此时只要关断电源后，复位一次自动断路器再合闸，单元又可自动运行。

②机床负荷异常。可用示波器检查机床在快速进给时的电动机电流是否超过额定值来判断机床负荷是否有异常。

③速度控制单元内整流用二极管模块不良。

④印制电路板不良或印制板与速度控制单元之间的连接不良。

(6)伺服单元过电流报警。引起该报警主要原因有：

①晶体管模块不良。这时可用机械万用表检查晶体管模块集电极和发射极之间的阻值。如果只有数欧姆，则表示该模块已被击穿短路。

②电动机动力线连接错误。

③电动机线圈内部短路。

④印制线路板有故障。

(7)伺服系统过压报警。其原因有：

①交流输入电源电压过高。

②伺服电动机线圈有故障。

③印制线路板有故障。

④负载惯量过大。此时可采取加大加减速时间常数的办法来消除本报警。

(8)电动机再生放电的电流过大报警。原因有：

①再生放电用晶体管不良，或印制线路板不良。有时只要伺服单元一接通，就会出现报警。

②印制线路板设定不正确。

③加/减速频率过高。

2. 硬件报警形式

硬件报警包括速度单元上的报警指示灯和熔丝熔断以及各种保护用的开关跳开等报警。报警指示灯的含义对速度控制单元设计上的差异也有所不同，一般有下述几种：

(1)电流报警。此时多为速度控制单元上的功率驱动模块损坏。检查方法是在切断电源的情况下，用万用表测量模块集电极和发射极之间的阻值，与正常值相比较，以确认该模块是否损伤。

(2)高电压报警。原因是输入的交流电源电压超过了额定值10%，或是电动机绝缘能力下降，或是速度控制单元的印制线路板接触不良。

(3)电压过低报警。由于输入电压低于额定值的85%或是电源接触不良引起的。

(4)速度反馈断线报警。多是由伺服电动机的速度或位置反馈线不良或连接器接触不良引起的。

(5)保护开关动作。此时应首先分清是何种保护开关工作，然后再采取相应的措施解决。如伺服单元上热继电器动作，应先检查热继电器的设定是否有误，然后再检查机床工作时的切削条件是否太苛刻或机床摩擦力距是否过大。

(6)过载报警。造成过载报警的原因有机械负载不正常，或是速度控制单元上电动机电流的上限值设定得太低。

3. 无显示报警的故障

这类故障多以机床处于不正常运动状态的形式出现，故障的根源却在进给驱动系统。

(1)机床失控。由于伺服电动机内检测元件的反馈信号接反或元件故障本身造成的。

(2)机床振动。此时应首先确认振动周期与进给速度是否成比例变化。如果成比例变化，则产生振动的原因是机床、电动机、检测器不良，或是系统插补精度差，检测增益太高；如果不成比例，且大致固定时，则大都因为与位置控制有关的系统参数设定错误，速度控制单元上短路棒设定错误或增益电位器调整不良，以及速度控制单元的印制线路不良。

(3)机床过冲。数控系统的参数(快速移动时间常数)设定的大小或速度控制单元上的速度环增益设定太低都会引起机床过冲。另外，如果电动机和进给丝杠间的刚性太差，如间隙太大或传动带的张力调整不好也会造成此故障。

(4)机床在快速移动时振动或冲击。原因是伺服电动机内的测速发电机电刷接触不良。

(5)两轴联动加工外圆时圆柱度超差。如果加工时象限稍一变化，精度就不一样，则是进给轴的定位精度太差，需要调整机床精度差的轴；如果是在坐标轴的45°方向超差，则多数情况是由位置环增益或检测增益调整不良造成的。

(6)机床移动时噪声过大。如果噪声源来自电动机，则可能的原因是：

①电动机换向器表面的粗糙度高或有损伤。

②油、液、灰尘等侵入电刷槽或换向器。

③电动机有轴向窜动。

二、主轴伺服系统故障

交流主轴伺服系统的常见故障与处理方法如下：

(1)外界干扰。由于受电磁干扰，屏蔽和接地措施不良，主轴转速指令信号或反馈信号受到干扰，使主轴驱动出现随机无规律性的波动。判别有无干扰的方法是：当主轴转速指令为零时，主轴仍往复转动，调整零速平衡和漂移补偿也不能消除故障。

(2)过载。切削用量过大，频繁正、反转等均可引起过载报警。具体表现为主轴电动机过热、主轴驱动装置显示过电流报警等。

(3)主轴电动机不转或达不到正常转速。对于这种故障可按下述步骤检查：

①观察是否有报警显示，如有，可按报警号的内容采取相应对策。

②检查速度指令信号是否正常。如不正常，则为系统侧输出有问题或是 D/A(数/模)变换器不良。

③印刷线路板设定错误、调整不良或控制回路不良。

④主轴不能启动还可能与停位用传感器安装不良、传感器不能发出检测信号有关。

⑤连接电缆的接触不良也会引起此故障。

(4)交流主轴电机旋转时出现异常噪声及振动。对于这类故障可用以下方法判断：

①检查异常噪声、振动是在什么情况下发生的，如在减速过程中发生，则是再生回路故障，此时应检查再生回路的晶体管模块及保险是否已烧坏。

②如故障是在恒速旋转时产生的，则可能是印刷线路板不良，也可能是机械部分有问题，这可在电机自由停车过程中观察是否还有异常噪声或振动来区别。

③还应检查振动周期是否与速度有关。如无关，多数是速度控制回路未调整好；如有关，应检查主轴是否良好，主轴与主轴电机的齿轮比是否合适，主轴用速度检查元件——脉冲发生器是否不良。

(5)交流主轴电动机转速偏离指令值。产生这种情况的原因有：

①电机过载，但当速度控制单元的转速极限设定太小，也会造成电机过载。

②如在减速时发生偏离指令值的情况，则故障大多发生在再生回路，可能是再生控制不良或再生用晶体管模块损坏。如果只是再生回路的保险烧坏，则大多是因为加速或减速频率太高造成的。为此，应降低加、减速频率，将它控制在每秒钟一至二次。

③如果实际转速偏离指令值的情况发生在电机正常旋转时，则多是脉冲发生器有故障，或速度反馈信号断线，或是印刷线路板不良。

(6)主轴定位时抖动。其主要原因是：

①定位检测用的传感器位置安装不正，从而造成主轴定位时来回摆动；

②主轴速度控制单元的参数不合适，也可能造成主轴定位抖动。

(7)主轴转速与进给不匹配。当进行螺纹切削或用每转进给指令切削时，会出现停止进给、主轴仍继续运转的故障。要执行每转进给的指令，主轴必须有每转一个脉冲的反馈信号，一般情况下为主轴编码器有问题。可用以下方法来确定：

①CRT 画面有报警显示。

②通过 CRT 调用机床数据或 I/O 状态，观察编码器的信号状态。

③用每分钟进给指令代替每转进给指令来执行程序,观察故障是否消失。

(8)主轴电动机不转。CNC系统至主轴驱动装置除了转速模拟量控制信号外,还有使能控制信号,一般为DC+24V继电器线圈电压。产生这种故障可能的原因有:

①CNC系统无速度控制信号输出。

②使能信号未接通。通过CRT观察I/O状态,分析机床PLC梯形图(或流程图),以确定主轴的启动条件,如润滑、冷却等是否满足。

③主轴驱动装置故障。

④主轴电动机故障。

6.3 数控机床故障诊断实例

6.3.1 机床故障实例

机床上的故障,例如机床不能运动或加工精度差,这是一些综合故障,既有数控系统引起的,也可能是机械方面产生的原因,本文只叙述CNC系统方面的原因。

(1)零件加工精度差。加工复杂曲线零件时发现加工精度差,这主要是各轴之间的进给动态跟踪误差值对称度没有调在最佳状态(在此已认为不存在机械本身精度问题),即各轴之间进给动态跟踪误差值不对称。其原因:一是数控机床在安装调整时,各轴之间的进给动态跟踪误差值不对称;二是机床经过一段时间使用后,机床各轴传动链有变化。这两种原因可通过重新调试及改变间隙补偿量来解决。

(2)在做圆周铣削时圆度太差。圆度差有两种情况:一是象限稍一变化,精度就不一样,其原因是轴的定位精度太差,这是由于感应同步器或旋转变压器接口调整不良,或是丝杠间隙补偿不当等引起的;二是出现斜椭圆,即在45°方向上的椭圆,这是由于各轴的位置偏差量相差太大,可用调整位置环增益来解决。

(3)两轴直线插补加工斜面时,加工面上出现均匀条纹。这是由于机床进给速度不均匀造成的,而影响进给速度不均匀的因素有:

①机床轴进给速度控制信号波动大。

②轴进给时有爬行现象。

③位置检测元件——单极旋转变压器与伺服电机的连接有偏心误差等。

(4)有一台加工中心B轴返回基准点时与工件发生干涉,停在错误位置,同时发生X、Y、Z三轴不能启动。因加工中心都有PMC,CNC系统与机床的联系都要经过PMC,因此,首先查阅机床梯形图,通过诊断画面,查询PMC的输入、输出状态。此时往往修改一下PMC参数,即可解决干涉现象。至于三轴不能启动的现象是与上述现象同时发生时,说明它们之间有一定的内在联系,因B轴停在错误位置上,所以转台不可能送出到位信号,此时三轴自然处于锁住状态,一旦B轴返回到基准点,三轴不能启动的问题就自然解除。

(5)一台立式加工中心操作面板上的开关方式,无论放置在何种位置(JOG、HANDLE、MEN、TAPE等),CRT均显示错误,动作也不正常。从故障现象可见,方式选择开关在任何位置都不行,说明是共性问题。往往通过查询操作面板的接口板上的元器件(如驱动器等),即可排除此类故障。

(6)有一台匈牙利的卧式加工中心发生刀库动作不正常的故障,通过检查,确认 CNC 系统、PMC、I/O(输入/输出)信号都是正常的,此时的故障多数出在刀库的检测部分。经过细致检查,发现刀库定位及检测用的计数无触电开关的位置不对,即由于开关位置不正确造成刀库动作不正常。

(7)当机床工作台位于行程中段时,坐标轴的丝杠缓慢地作正、反向摆动。因为该故障是在机床使用了一段时间后发生的,可以认为是由于机床和伺服系统配合不良引起的。因此通过调整该轴的伺服单元上的直流增益,即可排除故障。

(8)机床返回基准点时发生超程报警,无减速动作。无论是发生软件超程还是硬件超程报警,因均无减速动作,可以认为是减速信号没有输入到 CNC 系统,如挡块处的减速信号线松动,就是造成伺故障的原因。

(9)配有 PANUC 公司的 OMC。数控系统的加工中心,不能正常返回基准点而产生 90 号报警,产生此故障的原因多数是脉冲编码器的一转信号未输入到 CNC 系统,如脉冲编码器断线或脉冲编码器的连接电缆接触不良。另外,返回基准点时的启动点离基准点太近,也会产生 90 号报警。

(10)一台加工中心在 CNC 系统通电时同时发生转台抬起,主轴送刀并吹气,且刀库也移出来。由于这几个动作同时发生,可以认为故障不是发生在它们的控制部分,多数是在 CNC 系统和机床的连接部分。通过查信号接口地址表可知,这几个动作都是有一干簧继电器控制的,由于干簧继电器吸合不可靠,才出现在通电的同时发生了上述三个动作。

6.3.2 CNC 系统故障实例

(1)CRT 显示"NOT READY"且不能翻转到其他画面,但却可用 JOG 方式操纵机床运动。系统处于"NOT READY"状态的原因很多,如速度控制单元的电磁接触器未吸合,伺服电源未接通等。如在 CRT 显示"NOT READY"的同时显示报警号,可根据报警信息进行判断处理。有一台加工中心的故障现象是 CRT 虽然显示"NOT READY"画面,但机床仍可移动。这说明系统的 CPU 及伺服执行等部分仍能正常工作,而系统的存储器可能工作不正常。如果系统用的是磁泡存储器,则只需进行初始化,然后重新输入 CNC 系统参数、PC 参数等,系统就能恢复正常运行。

(2)加工中心开机后出现"NOT READY",过几秒之后切断电源。有时机床开机之后显示正常,而在运行期间突然出现"NOT READY",并切断 CNC 系统电源。通过检查 PNC 参数、梯形图后发现,是由于 PMC 损坏才造成系统"NOT READY"。

(3)一台日立精机的卧式加工中心的数控系统不能输入 220V 电压。遇到此故障时,要先检查接收电源的输入单元。经查,由于该单元上一个继电器线圈断线,从而造成保护继电器动作,使外部电源不能输入。

(4)一台日本产的立式加工中心的 X 向发生软件超程。通过对系统进行检查,没有发现什么问题。经过对操作者的详细询问,得知该报警是在突然停电之后发生的。因此可以认为,是由于外界干扰引起的偶然性故障,只需按"RESET"按钮,让机床返回基准点,即可恢复正常运行。

（5）一台立式加工中心发生存储器方式、手动数据输入方式均出现无效状态，但 CRT 却无报警发生。经过检查，是由于加工中心侧的继电器损坏，使机床侧的＋24V 电源不能送入 CNC 系统的连接单元。

（6）当一台加工中心对零件进行攻丝（主轴正反转）或主轴电机作高低速交换时，引起附近另一台加工中心自动断电。分析机床发生自动断电的原因，主要是控制回路中 MCC 接触器失电，从而造成整个控制回路断电。但是经过检查 MCC 接触器的线圈、连接导线、操作面板上的停止按钮、浪涌吸收器等元件均无任何异常，MCC 自然触点、交流电源和稳压直流电源也工作正常。经进一步检查，发现当一台加工中心主轴变速时，引起地基振动，结果导致另一台加工中心的机床控制回路中的一条导线接地，从而引起机床自动断电保护。

（7）当返回基准点时，突然 CRT 画面显示出"NOT READY"，且无其他报警。在返回基准点时出现"NOT READY"现象，这是由于返回基准点的限位开关不灵活，开关被挡板压下后不能恢复才造成此报警。

（8）一台带有 FANUC 公司 6M 系统的加工中心，在运行时 CRT 画面出现 401、410、420 号报警。根据 6M CNC 系统《维修手册》的提示，401 号报警表示速度控制单元的 READY 信号断开，其可能的原因是速度控制单元上的电磁接触器 MCC 未接通；速度控制单元没有加上 100V 电源；CNC 系统和速度控制单元的连接不良；或是速度控制印刷线路板或主控制板不良。410 号和 420 号报警是 X 轴和 Y 轴的位置偏差过大的报警，其可能的故障原因是位置偏差值设定错误、输入电源电压太低、电机电压不正常、连接故障（指电机的动力线和反馈线）、主板位置控制部分或速度控制单元故障。故障的原因很多，但只要冷静分析，就可得出可能的故障部位，因为系统不可能同时发生两个控制单元损坏，因此，最大可能是主板的位置控制回路故障，此时，只要用主控制板进行替换即可确认。

6.3.3 伺服系统故障实例

一、进给伺服系统故障实例

（1）由一台配有 FANUC 公司 6M 系统的加工中心，在 X 轴运行到某一部位时，发生 416 号报警。按报警号的提示，发生此故障的可能原因有：电缆连接错误、印刷线路板故障、脉冲编码器不良。通过系统的确认和换板检查，可以确认数控系统和速度控制单元等都是正常的。另外，X 轴的伺服系统的反馈元件并没有采用脉冲编码器而是光栅，而且 X 轴只是运行到某一特定部位才发生报警，这表明电缆连接也无问题。在仔细检查发生报警时的光栅尺，发现该处被油污污染，从而造成反馈断线报警。

（2）某数控机床显示"SV000 TACHOGENERATION DISCONECT"。它表示测速发电机断线报警。引起原因有：

①电机动力线断线。如果伺服电源刚接通，尚未接到任何指令时，就发生这种报警，则由于断线而造成故障可能性最大。

②伺服单元印制线路板上设定错误，如将检测元件脉冲编码器设定成了测速机等。

③没有速度反馈电压或时有时断，这可用显示器来测量速度反馈信号来判断，这类故障除检测元件本身存在故障外，多数是由于连接电缆不良或接触不良引起的。

(3)某直流伺服电机过热报警,可能原因有:

①过负荷。可以通过测量电机电流是否超过额定值来判断。

②电机线圈绝缘不良。可用500V绝缘电阻表检查电枢线圈与机壳之间的绝缘电阻。如果在1MΩ以上,表示绝缘正常,否则应清理换向器表面的碳刷粉末等。

③电机线圈内部短路。可卸下电机,测电机空载电流,如果此电流与转速成正比变化,则可判断为电机线圈内部短路。应清扫换向器表面,如表面上有油更易引起此故障。

④电机磁铁退磁。可通过快速旋转电机时,测定电机电枢电压是否正常。如电压低且发热,则说明电机已退磁。应重新充磁。

⑤制动器失灵。当电机带有制动器时,如电机过热则应检查制动器动作是否灵活。

⑥CNC装置的有关印制线路板不良。

(3)快速移动坐标轴时机床发生振动,有时还有大的冲击,这种反映在机床上工作不正常的现象,多数是由于伺服电机尾部的测速发电机的电刷接触不良引起的。

(4)直流伺服电机不转。这类故障的最大可能是:

①电机永磁铁脱落,此时用手很难拧动电机转子。

②带制动器电机的制动器失灵,制动器不能工作的原因一是通电后电磁制动片未能脱开,二是制动器用的整流器损坏。

(5)一台采用FANUC公司6M系统的加工中心,操作人员操作时产生401、410、411、420、430、431号报警。显然这些报警号都与进给伺服系统有关,但是不能同时损坏,因此就不必查询伺服系统本身,可以先查CNC系统有关伺服系统的参数情况进行分析。实际上这台机床之所以产生这么多报警的原因是由于人工误操作,使CNC系统参数被消除。

(6)有一台国产的卧式加工中心,在通电开机10min后,CRT画面消失,主控制板上的WATCHDOG报警灯亮以及0号和1号发光二极管LED点亮。但经检查,主控制板、磁泡存储器都正常,RAM也正常,参数设定都正确,只是速度控制单元的CNI插头松动(CNI插头是用来连接速度控制单元和CNC系统,传送速度指令信号、速度反馈检测信号、过载报警等信号),由于CNI插头的接触不良而造成了上述故障。

(7)由一台配有FANUC公司FS-11M系统的加工中心,发生SV023和SV009报警。SV023报警表示伺服电机过载,产生SV023报警的可能原因是:电机负载太大(可在机床空载运行时,测定电机电流,观察它是否超过额定值);速度控制单元上的热继电器设定错误(检查热继电器设定值是否小于电机额定电流);伺服变压器热敏开关不良(如变压器表面温度低于60℃时,热敏开关动作,就说明此开关不良);再生反馈能量过大(电机的加、减频率过高或机械重力轴的平衡块调整不良,均会引起再生反馈能量过大);速度控制单元印刷线路板上设定错误或接线错误。SV009报警则表示移动时误差过大,其原因是:数控系统为值偏差量设定错误;伺服系统超调(电机绕组内没有流过加、减速所必需的电流);输入的电源电压太低;位置控制部分或速度控制单元连接不良;电机输出功率太小或负载太大等。综合上述两种报警产生的原因,由此分析可以得出,电机负载的可能性最大,因此用试验测定机床空运行时的电机电流,若是超过电机的额定电流,则将该伺服电机拆下,在电机不通电的情况下,用手转动电机输出轴,如果很费劲则表明电机的磁钢有部分脱落造成电机超载。

二、主轴伺服系统故障实例

（1）当一台国产加工中心，主轴转速指令为零时，主轴明显往复移动，在主轴定向时也是如此，而且不能换刀。主轴速度指令正常，但速度反馈信号却无规律波动。如去掉反馈环节（但应使系统不发生断线报警），则主轴停止时很稳定，这说明是外界干扰所致。为此，将信号线和电源动力线分开走线，并将反馈线屏蔽在伺服单元一侧接地，从而消除了外界干扰。

（2）有一台加工中心出现主轴 12 号报警。交流主轴速度控制单元的 12 号报警表示速度控制系统主回路的直流回路电流过大，由于直流回路电流过大造成回路内的保险丝熔断。造成该报警的原因有：交流主轴电机内的电机绕组短路；逆变器用晶体管模块损坏；印刷线路板故障。经仔细检查发现，有 4 个功率元件——晶体管模块损坏。究其原因是因为稳压器容量太小，在主轴电机 400r/min 时，直接启动引起电源接触器跳闸，造成晶体管模块二次击穿。

（3）交流主轴伺服系统的交流输入电路保险丝熔断。造成此故障的原因有：交流电源侧的阻抗太高，例如在交流电源侧的输入端采用了自耦变压器代替隔离变压器；整流桥用的二极管模块损坏；逆变器用的晶体管模块损坏；印刷线路板（即控制回路）故障；交流电源输入处的浪涌吸收器损坏。

参考文献

[1]李国举.数控铣削加工技术基本功.北京:人民邮电出版社,2010.

[2]张占宽,程放.木制品数控铣加工技术.北京:中国林业出版社,2004.

[3]虞俊.数控铣削加工技术一体化教程.济南:山东科学技术出版社,2009.

[4]刘岩.数控铣削加工技术.北京:北京航空航天大学出版社,2008.

[5]王占平.图解数控铣镗加工技术.北京:机械工业出版社,2012.

[6]谷育红.数控铣削加工技术.北京:北京理工大学出版社,2006.

[7]孙德茂.数控机床铣削加工直接编程技术(第2版).北京:机械工业出版社,2014.

[8]浦艳敏,姜芳.数控铣削加工实用技巧.北京:机械工业出版社,2010.